数据中心
基础设施
全过程管理指引

叶向阳　刘树林◎主编

傅寅华　金　津　吕　洪　阮长根　杜狄松　夏　军　陈明华◎副主编

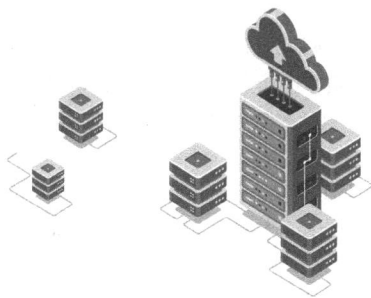

人民邮电出版社
北　京

图书在版编目（CIP）数据

数据中心基础设施全过程管理指引 / 叶向阳，刘树林主编. -- 北京 ：人民邮电出版社，2025. -- ISBN 978-7-115-65750-3

Ⅰ. TP308

中国国家版本馆 CIP 数据核字第 2024Q4J184 号

内 容 提 要

本书以时间流线为经，以项目管理的三要素（质量、进度、投资）作纬，概述数据中心全过程的概念和优势，介绍项目前期工作、规划设计、工程实施、运维管理等阶段，以及不同的建设模式，旨在提供全面的数据中心项目管理指引，帮助数据中心从业者实现安全可靠、节能降碳的建设目标，推动数据中心行业朝可持续发展的方向转型。

本书适合数据中心建设和运维的各相关从业人员，以及政府和企事业单位的信息化部门、网络部门、运维部门等的各相关工作人员阅读。

◆ 主　编　叶向阳　刘树林
　　副主编　傅寅华　金　津　吕　洪　阮长根　杜狄松
　　　　　　夏　军　陈明华
　　责任编辑　张　迪
　　责任印制　马振武
◆ 人民邮电出版社出版发行　　北京市丰台区成寿寺路 11 号
　邮编　100164　　电子邮件　315@ptpress.com.cn
　网址　https://www.ptpress.com.cn
　北京天宇星印刷厂印刷
◆ 开本：787×1092　1/16
　印张：11　　　　　　　　　2025 年 4 月第 1 版
　字数：201 千字　　　　　　2025 年 11 月北京第 2 次印刷
定价：99.00 元
读者服务热线：(010)53913866　印装质量热线：(010)81055316
反盗版热线：(010)81055315

在大力推进信息化发展的背景下，发展数字经济已成为国家发展战略之一，数据中心作为信息产业的基础载体，受到国家的高度重视和重点支持。2020年3月，我国明确提出新基建政策，强调要加快5G网络、数据中心等新型基础设施建设的进度。《"十四五"数字经济发展规划》指出优化升级数字基础设施，之后我国又陆续出台了多项政策，鼓励数据中心行业发展与创新，《贯彻落实碳达峰碳中和目标要求　推动数据中心和5G等新型基础设施绿色高质量发展实施方案》《新型数据中心发展三年行动计划（2021—2023年)》《数字中国建设整体布局规划》等产业政策为数据中心行业指明了发展方向。

数据中心建设涉及技术、工程和管理等众多领域，是高度专业化和系统化的建设过程。数据中心的规划、设计、建设和运维需要专业的技术知识和管理经验，这是一个复杂而又系统的工程，但是在实际建设和运维中，缺乏系统化的管理指引，导致项目实施存在一定的盲点和风险。因此，编写一本关于数据中心构建的全过程管理指引的图书，有助于为相关从业人员提供参考和指引，提高其规划、设计和运维的能力，使其能更好地掌握整个项目在各个阶段的流程和要求，从而顺利地完成数据中心建设。

本书结合实践经验，帮助读者理解理论知识，提高实践能力和应变能力。数据中心建设是一个复杂的过程，本书以时间流线为经，以项目管理的三要素（质量、进度、投资）作纬，分析项目前期工作、规划设计、工程实施、运维管理等主要阶段管理的要点和难点，帮助读者全面了解数据中心建设和运维的方法和技术。

CONTENTS \ 目录

第三章　规划设计

第四章　工程实施

第五章　运维管理

01

第一章

概述

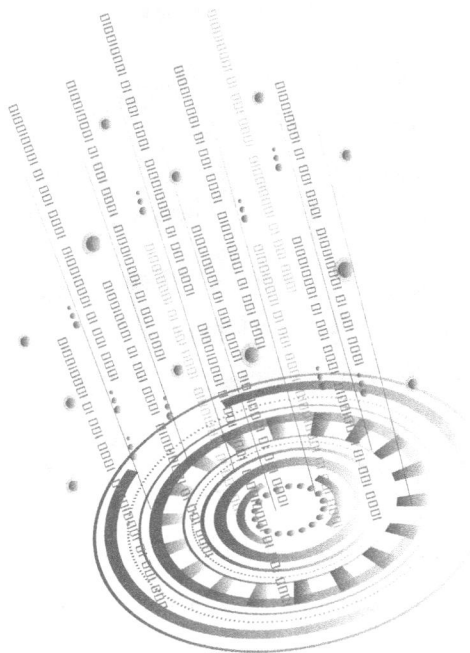

在数据中心建设过程中，碎片化管理模式已不能满足项目对进度、成本、质量、风险等的精细化管理要求，而全过程管理模式能够极大地提升项目品质，是数据中心项目建设管理的发展趋势。

1.1　数据中心项目管理的现状和趋势

目前，国内的数据中心项目管理主要针对单一、零碎的项目阶段，其管理目标、实施计划等以参与单位个体为主要对象，建设单位、勘察单位、设计单位、施工单位、监理单位各司其职，彼此独立。这种分散的管理方式割裂了项目的内在联系，导致各阶段工作无法被有效地整合，我们称这种管理模式为碎片化管理。

由于项目碎片化管理存在的阶段性和局部性特点，各个参与单位往往只关注自己负责的部分，而忽视了整个项目的整体规划和协调。这使得项目的各个部分之间缺乏有效的衔接和协同，难以形成一个有机的整体。碎片化管理模式容易导致项目管理过程中的信息不对称，各个参与单位可能无法及时了解其他单位的工作进展和需求，从而导致沟通不畅、资源浪费和工作效率低下。此外，由于缺乏统一的管理和监督机制，项目的质量控制和风险管理也难以得到有效实施。

碎片化管理模式已经明显不适用于当前数据中心建设对工程全面精细化管理的要求，现在需要一种更加先进、高效的管理模式来推动数据中心的发展。

全过程管理是一种综合性管理模式，将整个工程项目从决策、设计、建设到运维等各个阶段纳入统一的管理框架中。全过程管理为工程建设项目全生命周期提供服务，使项目周期内的各阶段工作顺畅衔接，对节约建设投资、缩短建设周期、确保建设质量、提升工作成效、明晰人员职责都具有重要的现实意义。

全过程管理要求项目责任方在前期进行充分的规划和需求分析，明确项目的目标和范围，并进行可行性研究和风险评估，为项目决策提供依据。在设计阶段，项目责任方要根据规划要求和技术标准，制定详细的建设方案，并衔接施工。在工程实施阶段，项目责任方要按照设计方案进行施工，并严格控制质量和进度。在运维阶段，项目责任方要建立完善的管理体系，确保数据中心的稳定运行和持续发展。

全过程管理可以有效解决数据中心项目管理中的碎片化问题，提高项目管理的水平和竞争力。同时，全过程管理还可以促进从业人员专业素质的提升，改善组织结构和管理机制，为数据中心建设工程的发展奠定坚实的基础。

全过程管理是数据中心项目管理不可阻挡的趋势，是工程建设市场健全发展的必然要求，也是参与国际竞争的必然选择。

1.2 全过程管理的优势

全过程管理不仅是一种管理理念，更是一种生产方式。对于数据中心来说，全过程管理强调从决策、设计、建设、运维到认证等各个环节的全面管理和控制，以实现对项目的持续改进。全过程管理的优势在于它能够帮助企业提高效率、控制风险和降低运维成本，主要体现在以下 5 个方面。

① **加快进度**：全过程管理可以有效衔接项目各阶段进程，优化项目组织、简化合同关系，有利于解决各项目参与单位之间存在的责任分离等问题，加快建设进度。

② **节约成本**：全过程管理覆盖了数据中心项目建设的各个阶段，有利于整合各阶段的工作内容，实现全过程投资控制，有助于实现资源的优化配置和高效利用。通过对项目所需资源的全面梳理和合理调配，可以避免资源的浪费和重复投入，提高资源利用效率。还能通过限额设计、优化设计和精细管理等措施提高投资收益，确保项目投资目标的实现。

③ **提高质量**：全过程管理有助于促进不同环节、不同专业的无缝衔接，提前规避和弥补传统碎片化管理模式中易出现的管理漏洞和缺陷，提高工程质量。全过程管理强调对每个环节的质量控制和监督，确保每个环节都能够达到预定的质量标准，有助于提升项目的整体质量水平，增强产品或服务的竞争力。

④ **防范风险**：全过程管理注重在项目执行过程中对潜在风险的识别、评估和控制。全过程管理通过预测风险并制订相应的应对措施，可以有效降低风险发生的概率，并减少风险对项目整体的影响；能够通过强化管控有效预防生产安全事故的发生，大幅降低建设单位的责任风险。

⑤ **有效沟通**：全过程管理需要各个部门和团队之间的紧密协作和沟通。通过加强跨部门的沟通和协调，可以打破信息壁垒，促进信息共享和资源整合，提高团队协作效率。

最后，全过程管理对于廉洁建设具有积极的促进作用。碎片化管理容易导致廉洁漏洞的产生，难以有效监管，从而增加了腐败的风险。而全过程管理将各个环节整合在一起，使得整个过程更加透明、规范和有序，这有助于防范廉洁漏洞。

综上所述，全过程管理在提升数据中心运营企业的建设管理水平、节约成本、加快进度、保证质量、防范风险，以及加强廉洁建设等方面具有极大的优势。

1.3 数据中心的不同建设模式

1.3.1 传统模式（全分离模式）

数据中心建设的传统模式是全分离模式，也称为碎片化管理模式。建设单位将数据中心设计、主要设备材料采购、工程施工等阶段完全分离并进行独立招标，设计单位、设备材料供应商、施工单位按照各自的计划推进工作。

传统的全分离模式对建设单位的要求非常高。选择设计单位、采购设备材料、选择施工单位及监理单位承担项目经理角色，这些都需要建设单位自行负责。由于数据中心涉及专业非常多，一个项目就需要一支多人的专业队伍，当多个项目同时进行时，建设单位需要汇集大量的专业人员，这无疑大幅增加了项目管理成本。

传统的全分离模式的各个阶段分离，可能会导致信息传递不畅通和协调困难的问题。在实际操作中，建设单位需要加强与设计单位、设备材料供应商和施工单位之间的沟通和协调，以确保项目的顺利进行。

1.3.2 总承包模式

设计—采购—施工总承包模式（Engineering Procurement Construction，EPC）是指工程总承包商按照合同约定，承担工程项目的设计、采购、施工服务等工作，并对承包工程的工期、造价、质量、安全等全面负责。工程总承包是一种将项目从设计到交付的整个过程承包给单一责任方的项目交付方式，这种承包方式的特点如下。

① **单一责任**：工程总承包的责任由一家企业承担，从设计到交付，所有的问题都由这家企业负责，这确保了项目的一致性和连贯性。

② **降低业主方风险**：工程总承包商会对项目的各个方面负责，包括设计、施工、材料采购等，工程总承包商承担大部分风险，这大幅降低了业主方面临的风险。

③ **控制项目费用**：在项目前期将所有工作交给一个承包商，业主方可以在整个项目周期内更好地控制费用。承包商会对项目的各个方面进行管理和协调，将控制费用在可接受的范围内。

④ **优化设计**：由于工程总承包商对从设计到施工都有全面的了解，能够在设计阶段就考虑到施工的可行性和经济性，从而优化设计和降低成本。

⑤ **有效沟通**：通过将项目交给单一责任方，可以减少业主方与多个承包商之间的沟通成本和协调工作，这有助于提高项目的效率和质量。

⑥ **专业化服务**：工程总承包商通常具备丰富的专业知识和经验，能够提供全方位的服务，包括项目管理、设计、施工、采购等。这使得业主方可以获得更专业的服务，提高项目成功率。

⑦ **简化流程**：工程总承包商将整个项目过程集中在一个合同中，简化了业主方的流程，减少了协调和管理工作。

⑧ **风险管理**：工程总承包商通常会为项目的各个方面制定风险管理策略和措施，这有助于业主方了解并应对可能出现的风险和问题。

⑨ **项目控制**：通过工程总承包，业主方可以更好地控制项目的进度和质量，工程总承包商会对项目的各个方面进行管理和监督，以确保项目按时按质完成。

总的来说，工程总承包的优势在于它可以降低业主方的风险，简化项目管理流程，优化设计和费用控制，并提供全方位的专业服务。然而，选择工程总承包方式也需要考虑一些潜在的问题，例如合同价格的约定可能会导致超出预算的风险，以及工程总承包商的单一责任可能会增加其错误或失败的风险。在选择工程总承包商时，业主方应仔细考虑上述因素，并与工程总承包商进行充分的沟通和协商，以确保项目的成功交付。

在 EPC 的基础上，又衍生出设计—采购总承包模式（EP）、采购—施工总承包模式（PC）、设计—施工总承包模式（DB）等。

1.3.3　工程项目管理模式

工程项目管理模式是一种对工程项目进行全面管理和协调的方式，以确保项目能够按时、按质、按预算完成。在工程项目决策阶段，为业主方编制可行性研究报告，进行可行性分析和项目策划；在工程项目实施阶段，为业主方提供招标代理、设计管理、采购管理、施工管理和试运行（竣工验收）等服务，代表业主方对工程项目的进度、费用、质量、安全、合同等进行管理和控制。工程项目管理企业一般应按照合同约定承担相应的管理责任。其特点如下。

① **目标明确**：工程项目管理的首要特点是目标明确。在项目开始阶段，应明确目标，包括项目的范围、进度、成本和质量等，这有助于在整个项目过程中保持焦点和方向。

② **综合性**：工程项目管理是一种综合性管理方式，需要考虑项目的各个方面，包括设计、施工、采购、进度、成本、质量和安全等，这需要项目团队成员之间的密切合作和协调。

③ **灵活性**：工程项目管理需要根据项目实际情况进行调整。在项目实施过程中，可能会出现预料之外的情况和问题，工程项目管理需要根据实际情况灵活应对。

④ **风险管理**：工程项目管理需要对项目风险进行预测、评估和控制。这需要对项目风险进行全面的识别和分析，并采取相应的措施进行管理和控制。

⑤ **协调性**：工程项目管理需要与多个利益相关方（包括业主方、施工单位、供应商、设计单位等）进行协调和沟通，确保项目的顺利进行。

⑥ **系统性**：工程项目管理是一种系统性管理方式，需要对项目的各个阶段进行全面的管理和控制，从项目的设计、施工到交付和运维，都需要进行系统的管理和协调。

⑦ **可持续性**：工程项目管理需要考虑项目的可持续性。在工程项目管理过程中，需要考虑环境保护、资源利用和社会责任等方面，确保项目能够与环境和社会相协调。

总的来说，工程项目管理的特点在于目标明确、综合性强、灵活性强、风险控制有力、协调性好、系统性强和可持续性好。这些特点有助于确保项目的成功实施，满足业主方和利益相关方的需求和期望。

1.3.4　全过程管理模式

全过程管理是一种综合性管理模式，将整个工程项目从决策、设计、建设到运维等各个阶段纳入统一的管理框架中，是一种对项目从决策到运维进行全周期管理的方式。其特点如下。

① **全面性**：全过程管理涵盖了项目的整个生命周期，包括决策、设计、采购、施工、

试运行等各个阶段。这种管理方式强调对项目各个阶段进行全面管理和协调，确保项目的整体性和一致性。

② **连续性**：全过程管理强调项目生命周期的连续性，避免不同阶段之间的脱节和重复。通过保持各阶段之间的连续性，可以减少浪费和不必要的返工，提高项目的效率和质量。

③ **协同性**：全过程管理注重不同专业和团队之间的协同工作。在项目实施过程中，各专业团队需要密切合作，共同解决问题和应对挑战。通过协同工作，可以充分发挥各团队的专业优势，提高项目的整体效益。

④ **集成性**：全过程管理强调不同阶段之间的集成和整合。例如，设计阶段需要综合考虑项目决策、技术方案、施工组织和资源利用等方面的因素，确保项目在整个生命周期内达到最佳效果。

⑤ **预防性**：全过程管理注重预防性的管理和控制，通过提前识别和评估潜在风险和问题，采取相应的措施进行预防和应对。这种管理方式有助于减少项目实施过程中的意外情况和风险，提高项目的可靠性和稳定性。

⑥ **动态性**：全过程管理需要根据项目实际情况进行动态的调整和管理。在项目实施过程中，实际情况可能与预期存在差异，全过程管理需要根据实际情况及时调整管理策略和措施，确保项目的顺利进行。

⑦ **可持续性**：全过程管理需要考虑项目的可持续性，包括环境保护、资源利用和社会责任等方面。在项目实施过程中，需要采取相应的措施保护环境、节约资源和承担社会责任，确保项目与环境和社会相协调。

全过程管理与工程项目管理相比，相同之处是两者都是常用的管理方法，且都强调对流程的优化和改进，不同之处如下。

① **管理范围不同**：全过程管理的范围更广，涵盖整个项目流程，工程项目管理只涉及其中几个环节。

② **管理目标不同**：全过程管理的目标是提高工程项目整体效率和效益，而工程项目管理的重点在于控制项目实施阶段的进度和质量。

③ **参与度不同**：全过程管理需要全专业人员参与，涉及组织中各个部门的协作和配合，而工程项目管理通常只需要项目相关人员参与。

总的来说，全过程管理的特点在于其全面性、连续性、协同性、集成性、预防性、动态性和可持续性。这些特点有助于确保项目的整个生命周期得到有效的管理和协调，提高项目的效率和质量，实现项目可持续发展。全过程管理是从产品价值实现的角度串联各阶段的咨询服务，最主要的链条是项目建议书→可行性研究报告→规划设计→施工验收→运维管理，对于数据中心来说，还有一个项目认证环节。由此可以看出，全过程管理要充分体现全过程的价值和咨询的价值，强调价值的整合和传递。

1.4 全过程管理的主要内容

数据中心全过程管理包含项目前期工作、规划设计、工程实施、运维管理等主要环节。这些环节环环相扣，步步推进，最后通过项目的各类认证，提高数据中心的可靠性、安全性和稳定性，让客户获得更好的服务体验。

（1）项目前期的工作内容

项目前期包含可行性研究报告、项目立项、招标策划等内容，从项目需求开始分析，探讨项目方案，估算造价及投资收益，同步准备数据中心项目的报批报建工作，最后对招标工作进行策划。

（2）规划设计阶段的工作内容

规划设计阶段的重要性不言而喻，这一阶段对数据中心的建设起到决定性作用，需要确定规划设计的基本原则和方法、基本流程和步骤，电力冷却等系统的安全性、可靠性、绿色低碳等设计因素都必须在这一阶段考虑，智能控制技术是提升数据中心管理水平的重要手段，也必须一并考虑。

（3）工程实施阶段的工作内容

施工管理是既要保证项目能通过科学管理模式达到一定的经济利益，还要在规定的时间内保证工程质量，使项目安全高效地完成，做好进度、成本和质量的控制，做好合同和安全的管理，通过采用 BIM 等技术，提升施工水平，降低施工成本。施工结束后需要对消防系统、配电系统、制冷系统、智能系统等进行调测验证。在整个工程都满足设计要求之后再进行项目验收，最终将项目移交至甲方。

在有需求或有条件的项目中，还可以对项目进行认证工作，通过获得项目认证，可以确保数据中心的设计、建设、管理水平达到一定标准，为客户提供更加稳定可靠的服务。

（4）运维管理的工作内容

低碳设计能有效降低运维成本，项目运维也是降低运维成本、提高系统可靠性的有效手段。验收结束后，进入运维管理阶段，需要建立完善的应急管理体系、风险管理体系、维修管理体系、容量管理体系、台账管理体系和供应商管理体系。为确保数据中心设备的稳定运行，最大限度地减少停机时间，并提高业务可靠性，运维人员需要对数据中心电力设备和空调等进行实时监控和异常检测，及时排除故障，并对所有文档和记录进行管理。

02

项目前期工作

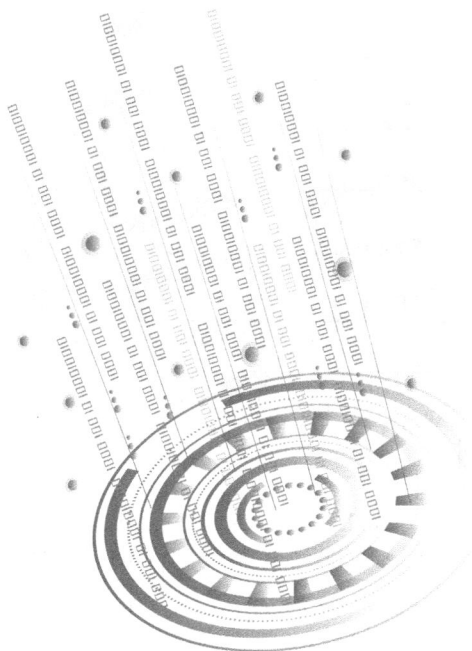

数据中心建设项目的前期工作主要是完成项目决策，获得项目的建设批准。

可行性研究报告对项目的必要性、建设条件的可行性、技术的先进性、投资的合理性等进行充分的分析论证，是项目决策的重要依据。了解数据中心建设项目前期工作的一般手续和流程，在项目前期做好招标策划，制定造价管理策略，对项目顺利实施具有重大意义。

2.1 项目前期工作一般流程

建设项目可分为政府投资项目和企业投资项目，由于项目投资主体的不同，具体在项目前期决策时的流程也有所差别。政府投资项目需要按规定流程进行审批，而企业投资项目在自主决策完成后，进行项目的核准或备案即可。

根据国务院于 2016 年颁布的《企业投资项目核准和备案管理条例》《政府核准的投资项目目录（2016 年本）》，由企业投资的数据中心项目只需要进行项目备案。

项目前期的一般流程如图 2-1 所示。在整个前期工作中，项目用地手续办理以及进行项目可行性研究是比较重要的环节。

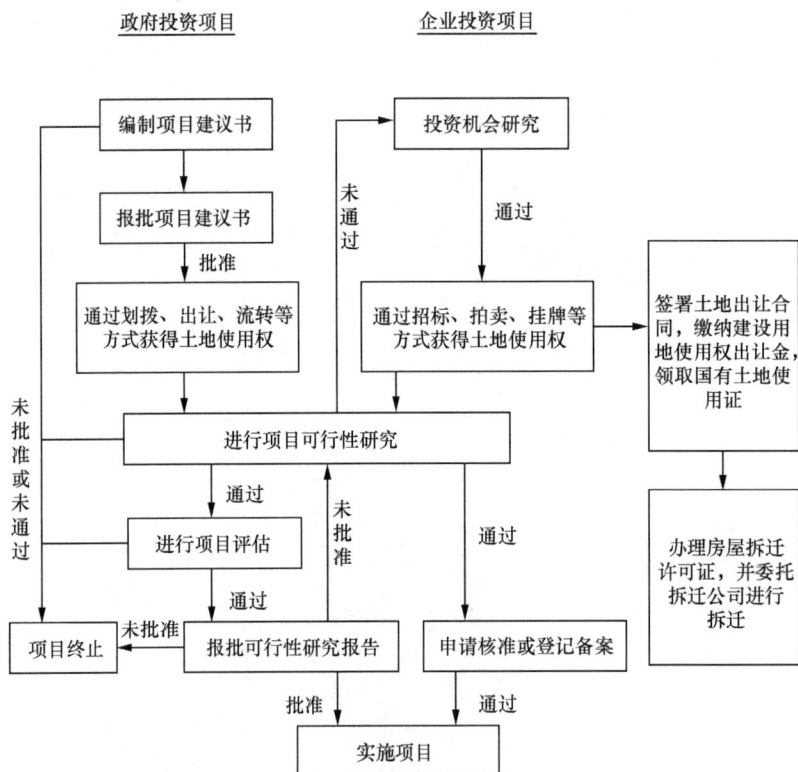

图 2-1　项目前期的一般流程

2.2　项目用地手续办理

项目用地手续主要是取得土地的使用权。在国有土地上设立的建设用地使用权，它的产生方式主要有 3 种：划拨、出让、流转。

土地划拨。划拨是指县级以上人民政府依法批准，在土地使用者缴纳补偿、安置等费用后将该土地交付其使用，或者将土地使用权无偿交付给土地使用者使用的行为。划拨土地使用权不需要使用者出钱购买土地使用权，而是经国家批准其无偿、无年限地使用国有土地，但取得划拨土地使用权的使用者应当依法缴纳土地使用税。以划拨方式取得土地使用权的，除法律、行政法规另有规定外，没有使用期限的限制，但因土地使用者迁移、解散、撤销、破产或者其他原因而停止使用土地的，国家应当无偿收回划拨土地使用权，并可依法出让。《中华人民共和国民法典》规定，严格限制以划拨方式设立建设用地使用权。采取划拨方式的，应当遵守法律、行政法规关于土地用途的规定。

土地出让。建设用地使用权出让是土地所有人（国家或集体）将建设用地使用权在一定期限内让与土地使用者，并由土地使用者向土地所有人支付建设用地使用权出让金的行为。土地使用者通过这种出让建设用地使用权的行为取得建设用地使用权。建设用地使用权的出让方式有招标、拍卖、挂牌、协议等，工业用地的土地使用年限一般为50 年。

土地流转。建设用地使用权流转，是指土地使用者将建设用地使用权再转移的行为，例如转让、互换、出售、赠与等。转让、互换、出售或者赠与建设用地使用权时，应当向登记机构申请变更登记。基于建设用地使用权流转的法律事实，新建设用地使用权人即取得原建设用地使用权人的建设用地使用权。

在签订国有土地使用权出让合同后，项目单位应当持建设项目的批准、核准、备案文件和国有土地使用权出让合同领取建设用地规划许可证。

建设用地规划许可证是经城乡规划行政主管部门确认建设项目位置和范围符合城乡规划的法定凭证，是建设单位用地的法律凭证。

在取得建设用地规划许可证后，项目单位申请不动产登记，经审核后可获得不动产权证（即以前的土地证、土地使用权证）。

2.3 项目可行性研究

2.3.1 可行性研究的作用

可行性研究是建设项目决策阶段最重要的工作。在编制可行性研究报告时，要求对项目的必要性、建设条件的可行性、技术的先进性、投资的合理性等进行充分的分析论证，最终得出研究结论。可行性研究的结论是项目决策的重要依据。

根据国务院颁布的《政府投资条例》第二章第九条的规定：政府采取直接投资方式、资本金注入方式投资的项目（以下统称政府投资项目），项目单位应当编制项目建议书、可行性研究报告、初步设计，按照政府投资管理权限和规定的程序，报投资主管部门或者其他有关部门审批。

2.3.2 项目可行性研究报告的内容要求

2023 年 3 月 23 日《国家发展改革委关于印发投资项目可行性研究报告编写大纲及说明的通知》（发改投资规〔2023〕304 号）印发。通知中包括《政府投资项目可行性研究报告编写通用大纲（2023 年版）》《企业投资项目可行性研究报告编写参考大纲（2023年版）》和《关于投资项目可行性研究报告编写大纲的说明（2023 年版）》。《政府投资项目可行性研究报告编写通用大纲（2023 年版）》分为 11 个章节，具体如下。

（1）概述

拟建项目和项目单位基本情况是项目决策机构掌握项目全貌、决定是否建设的前提和基础，本章需简略介绍项目的概况、项目单位基础情况、编制依据，以及主要结论和建议。

（2）项目建设背景和必要性

简述项目立项背景、项目用地预审和规划选址等行政审批手续办理进展，便于项目决策机构掌握项目来源、工作基础和需要解决的重要问题等。

阐述项目与经济社会发展规划、区域规划、专项规划等重大规划的衔接性，以及与国家重大政策目标的符合性。

从重大战略和规划、产业政策、经济社会发展、项目单位履职尽责等层面，综合论证项目建设的必要性和建设时机的适当性。

（3）项目需求分析与产出方案

需求分析：分析产品或服务的可接受性或市场需求潜力，研究提出拟建项目功能定位、近期和远期目标。对于企业投资项目，以满足市场需求为导向，结合企业发展战略需求分析，从项目市场需求分析、市场竞争力等角度研究论证项目建设的必要性。

建设内容和规模：结合项目建设目标和功能定位等，论证拟建项目的总体布局、主要建设内容及规模，确定建设标准。

项目产出方案：研究提出拟建项目正常运营年份应达到的生产或服务能力及其质量标准要求，并评价项目建设内容、规模和产出的合理性。

（4）项目选址与要素保障

项目选址或选线：通过多方案比较，选择项目最佳或合理的场址或线路方案。备选场址方案或线路方案比选要综合考虑规划、技术、经济、社会等条件。

项目建设条件：分析拟建项目所在区域的自然环境、交通运输、公用工程等建设条件。阐述施工条件、生活配套设施和公共服务依托条件等。

要素保障分析：进行土地要素和资源环境要素综合分析，提出要素保障方案。

（5）项目建设方案

为有序推进项目实施，项目建设方案需要对项目组织实施、工期安排、招标方案等进行分析，明确"建设管理方案"，并根据项目实际情况研究提出"数字化方案"，促进投资建设全过程数字化应用。同时，要对项目"技术方案""设备方案""工程方案"的合理性、先进性、适用性、自主性、可靠性、安全性、经济性等进行多方案比选，研究建设方案的可行性。

技术方案：通过技术比选，提出项目预期达到的技术目标、技术来源及其实现路径，确定核心技术方案和核心技术指标，并简述推荐技术路线的理由。

设备方案：通过设备比选，提出所需主要设备（含软件）的规格、数量、性能参数、来源和价格，论述设备（含软件）与技术的匹配性和可靠性，提出关键设备和软件的推荐方案。

工程方案：通过方案比选，提出工程建设标准、工程总体布置、主要建（构）筑物和系统设计方案，以及其他配套设施方案。

数字化方案：对于具备条件的项目，研究提出拟建项目数字化应用方案，包括技术、设备、工程、建设管理和运维、网络与数据安全保障等方面，提出以数字化交付为目的，实现设计—施工—运维全过程数字化应用方案。

建设管理方案：提出项目建设组织模式和机构设置，制定质量、安全管理方案和验收标准，明确建设质量和安全管理目标及要求，提出拟采用新材料、新设备、新技术、新工艺等推动高质量建设的技术措施。

提出项目建设工期，对项目建设主要时间节点做出时序性安排。提出包括招标范围、招标组织形式和招标方式等在内的拟建项目招标方案。研究提出拟采用的建设管理模式，例如代建管理、全过程工程咨询服务、EPC 等。

（6）项目运营方案

可行性研究要改变"重建设、轻运营"的做法，强调项目全生命周期的方案优化和系统性论证，既要重视工程建设方案，也要重视项目建成后的运营方案。

运营模式选择：研究提出项目运营模式，确定自主运营管理还是委托第三方运营管理，并说明主要理由。

运营组织方案：研究项目组织机构设置方案、人力资源配置方案、员工培训需求及计划，提出项目在合规管理、治理体系优化和信息披露等方面的措施。

安全保障方案：分析项目运营管理中存在的危险因素及其危害程度，明确安全生产责任制，建立安全管理体系，提出劳动安全与卫生防范措施，以及项目可能涉及的数据安全、网络安全、供应链安全的责任制度或措施方案，并制定项目安全应急管理预案。

绩效管理方案：研究制定项目全生命周期关键绩效指标和绩效管理机制，提出项目主要投入产出效率、直接效果、外部影响和可持续性等管理方案。

（7）项目投融资与财务方案

在明确项目产出方案、建设方案和运营方案的基础上，研究项目投资需求和融资方案。做出项目的投资估算，计算有关财务评价指标，分析项目盈利能力、偿债能力和财务持续能力，据此判断拟建项目的财务合理性，为项目投资决策、融资决策和财务管理提供依据。

可行性研究阶段对项目"投资估算"的准确度要求在 ±10% 以内，以切实提高投资估算的精度，为项目全过程投资控制提供依据。

（8）项目影响效果分析

要求从经济影响、社会影响、生态环境影响、资源和能源利用效果，以及对"碳达峰碳中和"目标的影响等方面对本项目进行分析论述。

（9）项目风险管控方案

要求识别项目全生命周期的主要风险因素，分析各风险发生的可能性、损失程度，以及风险承担主体的韧性或脆弱性，判断各风险后果的严重程度，研究确定项目面临的主要风险。并结合项目特点和风险评价，有针对性地提出项目主要风险的防范和化解措施。对于拟建项目可能发生的风险，研究制定重大风险应急预案，明确应急处置及应急演练要求等。

（10）研究结论及建议

从建设必要性、要素保障性、工程可行性、运营有效性、财务合理性、影响可持续性、风险可控性等维度分别简述项目可行性研究结论，评价项目在经济、社会、环境等各方面的效果和风险，提出项目是否可行的研究结论。并针对项目需要重点关注和进一步研究解决的问题，提出相关建议。

（11）附表、附图和附件

根据项目实际情况和相关规范要求，研究确定并附可行性研究报告必要的附表、附图和附件等。

2.3.3 数据中心可行性研究的关键点介绍

下面对数据中心建设可行性研究报告的关键点进行着重介绍。

（1）数据中心选址

数据中心的选址是项目决策的关键点之一，有许多因素会直接影响数据中心的选址。需要从整个数据中心项目的总拥有成本（Total Cost of Ownership，TCO）的角度，以项目全生命周期的眼光综合权衡各项因素，才能做出选址的决策。我们把影响数据中心选址的关键因素归纳为三大类：地理位置、政策环境和市政配套。

① **地理位置**。地理位置是数据中心选址最重要的因素之一。第一，数据中心的选址应远离地震、台风、洪水等自然灾害高发的区域，这是对数据中心高安全性的一个要求。第二，选择具有适宜气候和优良的空气质量的建设地，可以使数据中心充分利用自然资源来节约全生命周期的电力消耗，减少运维成本，从而降低数据中心的TCO。

② **政策环境**。政策对数据中心选址有着至关重要的影响。数据中心的选址应着重考虑建设地的土地政策、税收政策、能源政策等各个方面，这些政策将直接影响数据中心的TCO。

- 土地政策：由于数据中心需要占用大量土地，因此当地的土地政策会直接影响选址。一些地区可能会提供比较优惠的土地出让价格，以吸引数据中心的落户。

- 税收政策：一些地区可能会通过制定相对优惠的税收政策（例如减免企业所得税、

提供节能环保补贴等）来吸引数据中心的建设。

- 能源政策：数据中心是能源消耗非常大的设施，而能源成本也是其运维成本的重要组成部分。因此，当地的能源政策对于数据中心的选址也具有很大的影响力。一些地区可能会提供更加便宜的电力资源或者使用可再生能源来吸引数据中心的建设。

③ **市政配套**。市政配套的完备程度可以对数据中心选址产生重要影响。这种影响主要体现在以下 4 个方面。

- 电力：数据中心需要有充足可靠的电力保障。选址地应能引入两路不同的专用外线电力以保障用电的可靠性，还应能提供满足数据中心用电所需的容量。

- 供水：选址地应具有较好的市政供水条件，从市政用水主管引水更为方便。

- 网络：选址地应具有至少两家电信运营商通信传输线路的接入，且具备条件已满足数据中心通信保障等级。

- 交通：选址地周边应规划有市政道路，应有多条快速交通线路与外界相连。能在一小时内快捷通达城市中央商业区，同时连接机场、火车站、港口等交通运输枢纽，便于人员、设备迅速抵达。

（2）建设定位及初步方案

在数据中心项目的决策阶段，应先明确拟建数据中心的定位，即要建成一个怎样的数据中心。这个建设定位大致包含数据中心的建设规模和建设水准，以及在社会中的地位、作用和影响力，可简单归纳为：建设等级、建设规模、服务对象等。在明确了数据中心建设定位后，才能进一步制定建设方案，从而估算出工程投资。

数据中心建设的初步方案包括：设计方案、项目进度计划、招投标方案，以及资金筹措方案。其中设计方案是最核心的内容，包括土建与机电两大部分。

（3）造价及投资收益分析

对数据中心的工程造价进行估算和分析，包括土地购置费、工程设计费、设备采购费、工程施工费、运营维护费等方面。通过对工程造价的分析，可以确定数据中心建设的成本和投资回报周期。

根据工程造价和市场需求，对数据中心的投资收益进行分析，包括投资额、预期收益、投资回报率、财务指标等方面。通过投资收益分析，可以评估数据中心的投资价值，为投资者提供决策依据。

2.4　项目的报批报建

报批报建流程主要涉及三大主要阶段：立项与备案阶段、建设工程规划许可证阶段、建筑工程施工许可证阶段。在这三大阶段中需要完成各专项审批，例如节能审查（能评）、环境影响评价审查（环评）等。

2.4.1　立项与备案

数据中心项目立项是指由项目单位申请，得到政府投资主管部门的审议批准，并列入项目实施组织或者政府计划的过程。由于需要政府部门审批，该项目必定包含国家或政府投资，项目单位应编制项目建议书、可行性研究报告、初步设计，按照政府投资管理权限和规定的程序，上报投资主管部门或者其他有关部门审批。

数据中心项目备案适用于企业投资的数据中心项目，通过全国投资项目在线审批监管平台进行网上受理、办理、监管和服务，实现备案过程和结果的可查询、可监督。项目备案的基本信息主要包括以下内容。

- 项目单位基本情况。
- 项目名称、建设地点、建设规模、建设内容。
- 项目总投资额。
- 项目符合产业政策声明。

通常情况下，较为规范的数据中心项目备案信息应具备以下要素。

- 明确"云计算数据中心"或"数据中心"等字样。
- 根据 GB/T 4754—2017《国民经济行业分类》，数据中心项目所属行业分类为：I-信息传输、软件和信息技术服务业→第 64 大类"互联网和相关服务"或第 65 大类"软件和信息技术服务业"。
- 建设内容中体现"总建筑面积""机柜数量""建设数据中心或云计算数据中心""提供数据存储 / 计算 / 云计算服务"等内容。

项目完成备案后，当项目信息（例如公司股权结构、法人或管理团队，或建设地点、规模、内容等）发生重大变更时，项目单位应当及时告知项目备案机关，并修改相关信息更新备案。

2.4.2 建设工程规划许可证

建设工程规划许可证是开展工程建设的重要法律凭证，对确认有关建设活动的合法地位，保证有关建设单位的合法权益意义重大。

建设单位持相关材料到建设项目所在地的辖区规划部门申请办理"建设工程规划许可证"。主要涉及材料如下。

- 用地权属或使用土地的有关证明文件（国有土地使用证、建设用地规划许可证，以及国有土地使用权出让合同）。
- 建设项目选址意见书或建设项目规划条件。
- 建设工程设计方案审查意见。
- 具有资质的设计单位绘制的全套施工图中的部分施工图纸（图纸目录、设计说明、总平面图、各层平面图、各朝向立面图、各主要部位剖面图、基础平面图、基础剖面图）。
- 人防建设方案。

主要流程：设计方案审查、施工图审查、人防建设方案审查（或人防易地建设费缴纳）、部分专项审查。

2.4.3 建筑工程施工许可证

施工许可证是项目合法开工建设的前提（按照国务院规定的权限和程序批准开工报告的建筑工程除外），同时也标志着项目建设前期所有报批报建手续告一段落。施工许可证是有有效期的，一般为 3 个月，因故不能开工的可以申请延期，不超过 2 次，既不开工又不延期或超过时限的，施工许可证自行废止，若需要开工，则要重新申请施工许可证。施工许可证办理完成后，可以根据需要进行施工许可增项（施工内容增加）或变更（负责人变更），根据当地主管审批部门要求提供相关变更资料即可。

建设单位持相关材料到建设项目所在地的辖区行政主管部门或住建部门申请办理建筑工程施工许可证。可能涉及材料如下。

- 建设用地批准书或国有（集体）土地使用证或国有土地使用权批准通知书。
- 建设工程规划许可证。
- 施工场地（含拆迁进度）已经具备施工条件的声明。

- 中标通知书或直接发包批准手续。

- 施工图设计文件审查合格报告（含消防设计审查、人防工程核准）。

- 施工合同。

- 建设工程质量安全监督申报书。

- 监理合同。

- 建设单位承诺书（含建设资金落实情况、截止申请之日未拖欠施工单位工程款）。

主要流程：施工图审查、人防建设方案审查（或人防易地建设费缴纳）、建设工程质量安全监督申报、部分专项审查（装配式建筑审查、海绵城市审查、消防设计审查）。

2.4.4 数据中心项目专项审批

建设项目的报批报建手续中，涉及的专项审批事项，主要包括社会稳定性评估报告审批、施工图设计文件审查、固定资产投资项目节能审查（能评）、交通影响评价审查、环境影响评价审查（环评）、水土保持方案审批、人防工程审批等。本节重点介绍对数据中心项目有特别要求的专项审批。

（1）节能审查（能评）

固定资产投资项目节能审查意见是项目开工建设、竣工验收和运维管理的重要依据。建设单位在报送政府投资项目可行性研究报告前，需要取得节能审查机关出具的节能审查意见。建设单位需要在企业投资项目开工建设前取得节能审查机关出具的节能审查意见。未按规定进行节能审查，或节能审查未通过的项目，建设单位不得开工建设，已经建成的不得投入生产、使用。

建设单位应根据《固定资产投资项目节能审查办法》编制节能报告，一般可委托相关单位进行编制。不同地区对年综合能源消费量的审批要求不一致，建设单位应与当地发展和改革部门提前沟通。例如，《杭州市固定资产投资项目节能审查办法》要求项目建成后年综合能源消费量在 3000 吨标准煤以上的，需要单独编制节能评估报告书；年综合能源消费量为 1000 ～ 3000 吨标准煤的，需要单独编制节能评估报告表；年综合能源消费量在 1000 吨标准煤以下的，需要填写节能登记表。由于目前相关数据中心行业政策在不同区域有不同的要求和解读，建设单位应在可行性研究或初设阶段进行节能审查的申报，以便在开工前顺利获得固定资产投资项目的节能审查意见。

节能审查（能评）需要提交项目节能评估审查申请文件和固定资产投资项目节能报告。其中，项目节能评估审查申请文件应包括以下内容。

① 项目建设地点、建设内容及规模、项目总投资、项目主要用能方案、年综合能耗、年二氧化碳排放量。

② 项目已取得的相关批复文件及实际进展情况。

在数据中心建设项目中，各地区对数据中心的能源使用效率（Power Usage Effectiveness，PUE）都做出了严格的要求，在节能审查过程中需要注意各地区对 PUE 的控制条件。

（2）环境影响评价审查（环评）

环境影响评价是从保护环境的角度出发，对建设项目进行可行性研究，通过综合评价、论证和选择最佳方案，达到布局合理、环境污染与破坏的可能性最小的效果。这一系列工作的资料与结果将如实记录和反映建设项目对环境的影响程度，从而评价建设项目是否符合政府的环境保护政策。

根据建设项目对环境的影响，按需编制建设项目环境影响报告书（表）并审批或完成建设项目环境影响登记表备案。

可能造成重大环境影响的，应编制建设项目环境影响报告书，对产生的环境影响进行全面评价。

可能造成轻度环境影响的，应编制建设项目环境影响报告表，对产生的环境影响进行分析或者专项评价。

对环境影响很小、不需要进行环境影响评价的，应填报建设项目环境影响登记表。

建设项目环境影响报告书（表）由项目建设单位委托符合资质的专业机构编制，并报送有审批权的环境保护行政主管部门审批。

数据中心建设项目的环境影响评价采用自行填报建设项目环境影响登记表的方式进行办理，实行备案制。

2.5　项目的招标策划

2.5.1　招标策划的作用及主要内容

工程项目招标政策性强，有严格的程序约束，项目实施前对招标进行策划，梳理分析招标过程中的重点、难点、关键点，制定合理有效且指导性强的招标策划，有助于保证招标的高质量与合规性，项目实施事半功倍。

招标直接影响工程项目的成本，而交货进度和货物质量直接影响整个工程的进度和质量，做好项目的招标策划对提高项目管理水平意义重大。招标策划要从项目整体目标出发，实现采购的及时性、成本的可控性、流程的合规性。

招标策划的主要内容包括：确定招标的范围、确定投资控制目标、确定采购方式、确定采购进度计划和建立沟通协调程序等。

（1）确定招标的范围

确定采购包范围时，应确保工程项目的各项工作内容均已包括在各个采购包中，并进行了合理划分，确保工作内容分解时不缺漏且不重复，采购包的工作范围界面应合理清晰。招标的范围界定了中标人承担的工作量、招标人与中标人的责任划分界限，以及向各潜在投标人说明参与招标项目时，需要考虑的成本、技术和资格条件等重要因素。

（2）确定投资控制目标

招标的结果直接影响工程项目的总投资，因此在招标策划阶段应进行投资控制。

首先，要使投标报价具有竞争性，在进行招标工作的时候尽可能使一些具有价格竞争力的企业参与，即需要选择合适的采购方式。

其次，要有效地评估报价，采用合理的方法评估造价，为选择适当的企业奠定了基础，即推行工程量清单报价方式。

最后，要在签订合同时对造价进行控制，防止出现抬价的现象，造价控制人员在签订合同时，应制定严格的考核确认制度，对造价进行合理的控制。

（3）确定采购方式

采购方式可分为招标及不招标，招标又分为公开招标、邀请招标；不招标可分为询价、比选、竞争性谈判、单一来源采购4种方式。应根据项目合同计价模式、项目采购方式批复、法律法规和企业规定确定采购方式。

公开招标： 招标人以招标公告的方式邀请不特定的法人或者其他组织投标。公开招标属于非限制性竞争招标，最能体现招投标的优胜劣汰和"三公"特征，充分展现了招标信息公开性、招标程序规范性、投标竞争公平性。

邀请招标： 招标人以投标邀请书的方式邀请特定的法人或者其他组织投标。邀请招标属于有限竞争招标，适用于涉及国家安全、国家秘密、商业机密、抢险救灾或时间紧迫、受项目技术复杂或特殊要求限制、受自然地域环境限制只有少量几家潜在投标人可供选择的情况，以及公开招标费用与招标项目价值不值得公开招标的小型项目或法律法规规定的其他不宜或无法公开招标的项目。

询价：采购人一般向 3 个及以上符合相应资格条件的供应商或承包人就采购的货物或服务发出询价通知书让其报价，并主要通过价格评审比较，选择符合采购需求、服务质量相同，且报价最低的交易对象。询价适用于技术标准规格统一的现成货物和服务，市场成熟，货源充足，单价较小又差别不大，且主要比较价格，不需要进一步考察和评价供应商能力、实施方案的货物和服务项目。

比选：采购人公开发出采购信息，邀请多个供应商或承包人就采购的工程、货物或服务提供报价和实施方案，按照事先公布的规则和标准进行简单明了的比较，择优选择交易对象。比选适用于金额较小，达不到招标标准或时间紧迫，具有公开性要求，既要对比价格，又要对比能力或实施方案的服务项目。

竞争性谈判：采购人向符合相应资格条件的多家供应商或承包人发出谈判文件，分别通过报价、还价、承诺等谈判商定价格、实施方案和合同条件，并依据谈判文件确定的采购需求及质量和服务要求，以及报价最低的原则（政府采购的原则）从谈判对象中确定交易对象。竞争性谈判适用于受采购时间、技术标准、市场范围限制，采购供应双方对采购物及对方意图都缺少了解，采购人只能通过与有限和特定的供应商或承包人进行灵活、充分的谈判，才能充分、正确地表达、沟通与确定采购的意图要求、供应服务的能力、实施方案及其技术标准规格，从而选择满意的采购物及交易对象。

单一来源采购：采购人直接与唯一的供应商进行谈判采购，商定价格和合同条件，也称直接采购。单一来源采购的适用情况与竞争性谈判采购相似，且程序更加简单，没有竞争性。

必须招标的工程项目规定：2018 年国务院批准了《必须招标的工程项目规定》，结合《中华人民共和国招标投标法》的规定，从"必须进行招标的范围"和"必须进行招标的规模标准"两个维度来规定必须招标的项目，即属于必须进行招标的范围并且达到必须进行招标的规模标准的项目，就必须招标。两个维度只满足其一的，不属于依法必须进行招标的工程建设项目。

必须进行招标的范围如下。

① 全部或者部分使用国有资金投资或者国家融资的项目，包括：使用预算资金 200 万元人民币以上，并且该资金占投资额 10% 以上的项目；使用国有企业事业单位资金，并且该资金占控股或者主导地位的项目。

② 使用国际组织或者外国政府贷款、援助资金的项目，包括：使用世界银行、亚洲开发银行等国际组织贷款、援助资金的项目；使用外国政府及其机构贷款、援助资金的项目。

③ 不属于上述规定情形的大型基础设施、公用事业等关系社会公共利益、公众安全的项目，但必须招标的具体范围包括：煤炭、石油、天然气、电力、新能源等能源基础设施项目；铁路、公路、管道、水运，以及公共航空和 A1 级通用机场等交通运输基础设施项目；电信枢纽、通信信息网络等通信基础设施项目；防洪、灌溉、排涝、引（供）水等水利基础设施项目；城市轨道交通等城建项目。

必须进行招标的规模标准如下。

上述①～③规定范围内的项目，其勘察、设计、施工、监理，以及与工程建设有关的重要设备、材料等的采购达到下列标准之一的，必须招标。

- 施工单项合同估算价在 400 万元人民币以上。

- 重要设备、材料等货物的采购，单项合同估算价在 200 万元人民币以上。

- 勘察、设计、监理等服务的采购，单项合同估算价在 100 万元人民币以上。

同一项目中可以合并进行的勘察、设计、施工、监理，以及与工程建设有关的重要设备、材料等的采购，合同估算价合计达到前款规定标准的，必须招标。

（4）确定采购进度计划

项目招标的进度计划必须满足项目实施总进度计划的要求，并细化到每个标的物招标的起止时间点。建设工程招标一般按如下顺序依次进行：勘察→设计→监理、造价控制→施工→设备、材料。

采购进度计划应充分考虑采购时间和供货周期等因素，并与项目进度相匹配。《中华人民共和国招标投标法》中对招投标各个环节所必需的时间有明确的要求，了解这个时间周期，对于进度计划的编制有较大帮助，也相对客观。

（5）建立沟通协调程序

招标工作环节多，流程较长，往往涉及的相关方较多，例如业主方、主管单位、监理单位、施工单位、招标代理机构等，整个采购工作的顺利开展需要高效的沟通协调机制及管理流程，合理有效的沟通协调机制有利于招标工作的开展，并降低各方的利益冲突和重复劳动发生的可能性。在招标策划的统一安排下，相关方按照职责分工和质量、进度要求，通过合作方式完成招标的各项复杂工作。

2.5.2　招投标的一般流程

招投标流程一般为 7 个阶段：准备、招标、投标、开标、评标、定标和订立合同，这 7 个阶段又可分为 12 个具体步骤。

① 招标人（业主方）办理项目批准或备案手续。

② 招标人可以自行开展招标工作，也可以委托招标代理公司进行招标工作。

③ 招标代理公司协助招标人进行招标策划。即应确定：招标进度计划、采购时间、采购技术要求、主要合同条款、投标人资质、采购质量要求等。

④ 招标代理公司与招标人合作，编制招标文件（包括规划内容和招标公告）。

⑤ 招标人确认后，招标代理公司发出招标公告（公开招标）或招标邀请书（招投标）。投标人在看到招标公告或收到招标邀请书后，到招标代理公司购买招标文件。

⑥ 投标人在取得招标文件后，研究并编制投标文件。同时，如果有相关问题，招标代理公司可以澄清招标文件，如有必要，招标代理公司将组织招标项目答疑会议。根据答疑或澄清，补充文件将作为招标文件的必要组成，被修改并发送给所有投标人。

⑦ 招标代理公司在开标前成立评标委员会，评标委员会负责评标工作。评标委员会的组成和评标工作，应按照评标委员会暂行规定和评标方法进行。

⑧ 招标代理公司组织招标人、投标人按招标文件规定的时间开标。

⑨ 开标包括：招标代理主持人宣布开标纪律→确认和阅读招标情况→宣布投标方的有关人员→检查投标文件的密封文件→唱投标（投标人名称/价格）、交货期、投标保证金和其他内容→完成投标记录和签署→开标结束。

⑩ 评标委员会审阅投标文件，进行初步审查、详细审查和澄清（如有必要），以确定中标候选人。

⑪ 招标代理公司根据评标委员会的意见出具评标报告。招标人根据评标报告确定最终中标人。

⑫ 招标代理根据评标的结果发出中标公示，公示期结束后发出中标通知书。

中标人按照中标通知书的规定时间与招标人（业主方）签订合同的流程如图 2-2 所示。

2.5.3　招标策划中的管控要点

在项目招标策划工作中，必须保证流程的合规性，同时对招标进度、质量，以及控制投资做出相应的管控。

（1）合规性

《中华人民共和国招标投标法》第三条及相关法规，对依法必须进行招标的范围进行了明确。属于依法必须招标的工程项目，应采用公开招标的方式，或者经招标投标监管部门批准后采用邀请招标或直接发包的方式。招标方式主要有公开招标、邀请招标、竞争性谈判（比选）、直接发包这几种。数据中心建设项目一般采用公开招标的方式。

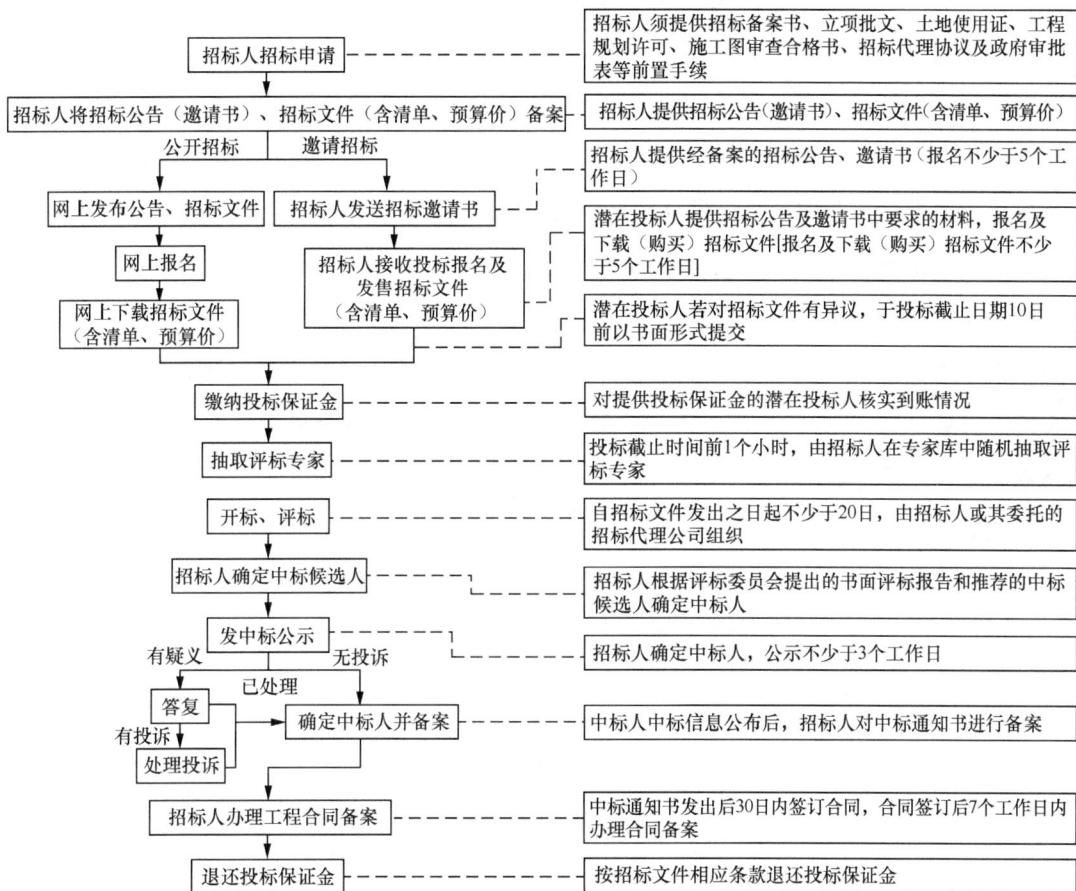

图 2-2　中标人按照中标通知书的规定时间与招标人（业主方）签订合同的流程

在招标工作中，严禁投标限制，招标人不得以不合理的条件限制、排斥潜在的投标人，招标人有下列行为之一的，属于以不合理条件限制、排斥潜在投标人或者投标人。

① 就同一招标项目向潜在投标人或者投标人提供有差别的项目信息。

② 设定的资格、技术、商务条件与招标项目的具体特点和实际需要不适应或者与合同履行无关。

③ 依法必须进行招标的项目以特定行政区域或者特定行业的业绩、奖项作为加分条件或者中标条件。

④ 对潜在投标人或者投标人采取不同的资格审查或者评标标准。

⑤ 限定或者指定特定的专利、商标、品牌、原产地或者供应商。

⑥ 依法必须进行招标的项目非法限定潜在投标人或者投标人的所有制形式或者组织形式。

⑦ 以其他不合理条件限制、排斥潜在投标人或者投标人。

（2）招标进度控制

数据中心建设项目从项目策划、项目实施到项目建成后的运维管理，招标工作始终贯穿其中。因此，安排好招标进度，使其符合项目的总进度计划要求，将会大幅缩短项目的建设周期。一般情况下，项目招标按照勘察→设计→监理、造价控制→施工→设备、材料→运维的顺序进行。设备采购根据设备制造周期的长短进行合理安排，有些设备制造周期长，可能在工程初步设计完成后，就需要立即进行招标。施工招标的顺序一般为：施工准备工程在前，主体工程在后；制约工期的关键工程在前，辅助工程在后；土建工程在前，安装工程在后；结构工程在前，装饰工程在后。招标的具体顺序应结合实际工程的特点和条件来确定。

而对于单个子项的招标，根据《中华人民共和国招标投标法》，必须遵守招投标过程中各流程节点的时间要求。招投标过程时间节点要求见表2-1。

表2-1　招投标过程时间节点要求

工作节点	资格预审	投标
招标公告发布—截止时间	≥ 10 天	≥ 20 天
标书发售期	≥ 5 天	≥ 5 天
投标人异议提出	截止日前 2 天	截止日前 10 天
招标人回复异议	≤ 3 天	≤ 3 天
招标人澄清	截止日前 3 天	截止日前 15 天
确定中标人之日，递交招投标情况报告		≤ 15 天
收到评标报告 3 日内须进行公示，公示期		≥ 3 天
中标通知书发出，签订合同		≤ 30 天
书面合同签订后退还投标保证金		≤ 5 天

（3）质量控制

对于一个项目来说，质量的好坏直接决定了项目的收益。在招标策划中对项目各阶段的招标（设计、设备、施工等）都需要做好质量控制，使招标能够切实满足项目要求。

① 合理设置潜在投标人的资质等级、营业范围、项目业绩等条件，使其满足招标项目的实施要求。

② 严格执行相关的现行规范和技术标准，确保符合相关的法律法规和工程质量的要求。

③ 设置合理的评分标准，展开充分的竞争，确保能够从合格的投标人中评出高质量的中标单位。

④ 在合同专用条款中，需要对质量控制提出具体要求，制定对质量检验的考核标准，并进行相应的奖惩，确保在项目实施过程中，质量得到保障。

（4）投资控制

建设项目投资的有效控制是工程建设管理的重要组成部分，贯穿工程建设的全过程。招投标工作是整个工程项目造价控制的关键，一份不完善的招标文件会给日后的施工管理与造价控制造成纠纷。以下4点应在招标中予以关注。

① 提高招标使用的勘察、设计文件精度。勘察和设计的深度、精度，对工程的成功与否至关重要，在施工招标阶段更是如此。

② 提高招标工程量清单编制的严密性、准确性。施工单位可能会利用招标文件中某些条款的不确定性向建设单位索赔，以达到增加盈利额的目的。

③ 采用公开招标的方式，对投标人设置合理的企业资质、项目经验要求，结合符合项目要求的评分标准，通过充分竞争来降低采购金额。

④ 在招标策划中，需要考虑对各阶段子项采购进行投资控制。例如，招标项目全过程由造价管理咨询单位监督审核项目各阶段的投资情况；在设计阶段考虑采用限额设计，从而有效控制项目总投资；设备及材料严格按照技术规范书要求进行采购；施工阶段严把变更与签证等。

2.6　项目的造价管理

2.6.1　造价管理的意义

一般情况下，项目投资是指投资者为完成项目投入全部费用的总和，而工程造价是指建设期内预计或实际支出的建设费用，包括建设材料、劳动力、设备、管理费用等方面的开支，也称固定资产投资。

工程造价直接反映了项目的投资规模，是项目投资的重要组成部分。在项目投资决策过程中，通常根据工程造价对项目的投资进行估算和评估，以确定项目是否值得投资。如果工程造价过高，将导致项目的回报率下降，降低项目的盈利能力；反之，如果工程造价过低，可能会影响项目的质量和运营效益。因此，在项目投资决策中，需要综合考虑工程造价与项目的经济效益之间的关系，以实现项目效益的最优化。

工程造价管理是在合理范围内控制和管理工程造价的过程。有效的工程造价管理能够帮助项目投资者预测和控制项目的投资成本，从而降低项目的投资风险。同时，工程造价管理还能够帮助项目投资者优化项目的投资结构，降低投资成本，提高项目的投资回报率。工程造价管理如图 2-3 所示。

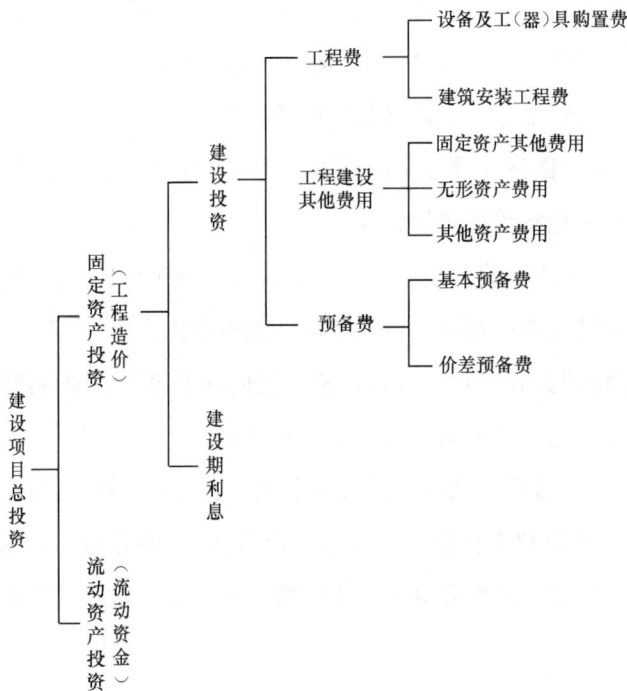

图 2-3　工程造价管理

2.6.2　项目各阶段的造价形式

工程造价在项目实施的不同阶段，有着不同的形式和要求。随着项目实施阶段的推进，不同造价形式的结果将会趋于接近工程实际的情况。工程各阶段对应的计价方式如图 2-4 所示。

（1）投资估算

投资估算是指在项目建议书和可行性研究阶段通过编制估算文件预先测算的工程造

价，通常采用指标估算法或系数法对整个建设项目的总投资额进行预估，比较粗略。投资估算是进行项目决策、筹集资金和合理控制造价的主要依据。

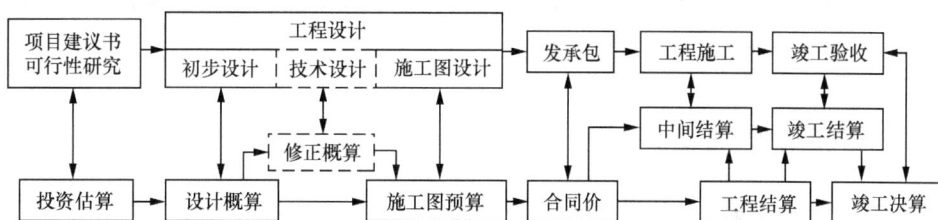

图 2-4　工程各阶段对应的计价方式

（2）设计概算

设计概算是指在初步设计阶段，根据设计意图，通过编制设计概算文件，预先测算的工程造价。通常是以初步设计图纸、概算指标、概算定额，以及现行的计费标准、市场信息等依据，按照建设项目设计概算规程，逐级（单位工程、单项工程、建设项目）计算建设项目总投资。与投资估算相比，设计概算的准确性有所提高，但会受投资估算的影响。

（3）施工图预算

施工图预算是指在施工图设计阶段，根据施工图编制预算文件预先测算的工程造价。施工图预算比设计概算更为详尽和准确，但同样受前一阶段工程造价的影响。目前，有些工程项目在招标时需要确定最高投标限价（招标控制价），施工图预算的结果可以限制最高投标报价。

（4）合同价

合同价是指在工程发承包阶段签订合同时确定的价格。合同价属于市场价格，它是由发承包双方根据市场行情通过招投标等方式达成一致、共同认可的成交价格。但应注意的是，合同价并不等同于最终结算的实际工程造价。

（5）工程结算

工程结算包括施工过程中的中间结算和竣工验收阶段的竣工结算。工程结算需要以实际完成的合同范围内的合格工程量为依据，同时按照合同调价范围和调价方法，对实际发生的工程量增减、设备和材料价差等进行调整后，确定结算价格。工程结算反映的是工程项目实际造价。工程结算文件一般由承包单位编制，由发包单位审查，也可委托工程造价咨询机构进行审查。

（6）竣工决算

竣工决算是指工程竣工决算阶段，以实物数量和货币指标为计量单位，综合反映竣工项目从筹建开始到项目竣工交付使用为止的全部建设费用。竣工决算文件一般由建设单位编制并上报相关主管部门审查。

2.6.3 工程各阶段的造价控制

工程造价管理贯穿于整个项目过程中，重视过程中各阶段的造价控制，实现真正意义上工程投资的合理控制尤为重要。工程造价管理是一个动态的管理过程，切实做好项目各阶段的造价管理，才能对项目进行预先控制、科学投资、方案优化，提高投资效益。

（1）项目决策阶段

决策阶段要根据建设单位需求对项目进行可行性研究论证、投资及融资策划，通过技术经济分析，将需求转化为设计方案，为建设单位确定合理、经济的建设规模，测算出实现效益最大化的投资额度。投资估算对工程造价起到指导性和整体控制的作用。

（2）初步设计阶段

设计环节的成本控制是实现"事前控制"的关键，对该环节进行成本控制可以最大限度地减少事后变动带来的成本增加。尽管设计费在建设工程全过程费用中的占比不大，一般只占建设成本的 1% ～ 2%，但对工程造价的影响可达 75% 以上，合理科学的设计，可以有效降低工程造价。

设计概算以可行性研究报告中被批准的投资估算为工程造价目标值，运用设计标准、价值工程和限额设计等方法，控制和修改初步设计以满足投资控制目标的要求，根据修改后的初步设计文件编制设计概算。初步设计是工程设计投资控制的关键环节，经批准的设计概算是工程造价控制的最高限额，也是控制工程造价的主要依据。

（3）施工图设计阶段

以被批准的设计概算为控制目标，应用限额设计、价值工程等方法进行施工图设计，并编制施工图预算。通过对设计过程中所形成的工程造价进行层层限额把关，实现工程项目设计阶段的工程造价控制目标。

（4）施工招标阶段

施工招标阶段的造价控制贯穿于工程实施的整个过程，对施工、结算阶段的造价控制影响更深。此阶段应当从对工程产生影响的因素、准确计算清单工程量、合理编制招标控制价等方面进行造价控制。造价文件的编制以工程设计文件（施工图预算）为依据，结合工程施工的具体情况（例如现场条件、市场价格、业主方的特殊要求等），按照招标文件的规定，编制工程量清单并设定最高投标限价，明确合同计价方式，初步确定工程合同价。

（5）施工阶段

施工阶段的工程造价控制既包括对项目施工的计价行为、计价依据的管理，也包括工程实施阶段的索赔管理、工程变更控制、工程计量与结算的管理。

此阶段应以工程合同价为控制依据，通过控制工程变更、风险管理等方法，按照实际给予承包人计量的工程量，并考虑物价上涨、工程变更等因素，合理确定进度结算款，控制工程费用的支出。施工阶段是工程造价的执行和完成阶段，应切实有效控制工程质量、进度和造价，事前控制工作的重点是控制工程变更和防止发生索赔，施工过程要做好计量与结算，以及工程造价方面的质量、进度的事前、事中、事后控制。

（6）竣工验收阶段

竣工验收阶段应全面汇总工程建设中的全部实际费用，编制竣工结算与竣工决算。例如，如实体现建设项目的工程造价，并总结经验，积累技术和经济的数据和资料，不断提高工程造价管理水平。

03

第三章

规划设计

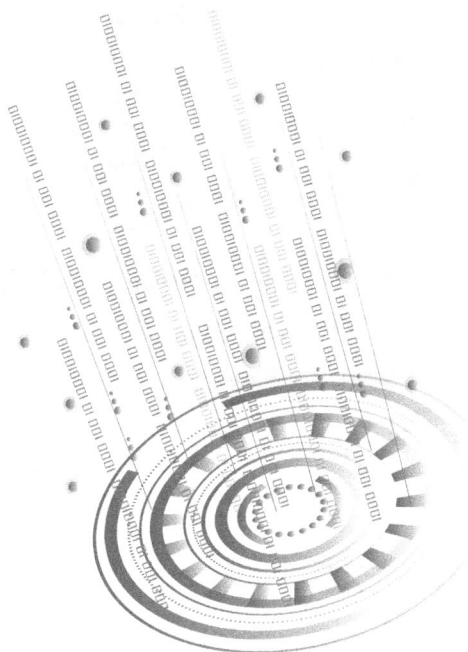

在数据中心建设项目中，应充分重视规划设计环节，遵循安全可靠、节能降碳、节资增效、实施便利、适应发展五大基本原则，确保数据中心的稳定运行和高效利用。

本章对现行的数据中心规划与评估体系进行介绍，对规划设计的各个节点提出了管理要求，并对目前数据中心内的主流技术给出了技术指导。

3.1 数据中心规划与评估体系

数据中心建设在一个建筑群或建筑物内，通常情况下由计算机机房和支撑空间组成，是电子信息的存储、加工和流转中心。数据中心内放置核心的数据处理设备，是企事业单位的信息中枢。数据中心的建立是为了全面、集中、主动并有效地管理和优化IT基础架构，实现信息系统高水平的可管理性、可用性、可靠性和可扩展性，以保障业务的顺畅运行和服务的及时性。建设一个完整的、符合现在及将来要求的高标准数据中心，应满足以下要求。

① 需要一个满足数据计算、数据存储和安全联网设备安装的场地。

② 为所有设备运转提供所需的电力保障。

③ 在满足设备技术参数的条件下，为设备运转提供温度适宜的环境。

④ 为所有数据中心内部和外部的设备提供安全可靠的网络连接。

⑤ 不会对周边环境产生各种不良影响。

⑥ 具有足够坚固的安全防范设施和防灾设施。

有多种类型的数据中心可满足具体的业务要求，其中两种最常见的类型是企业数据中心和托管／互联网数据中心。

企业数据中心由具有独立法人资格的公司、机构或政府机构拥有，这些数据中心为其内部机构提供支持内网、互联网的数据处理和面向Web的服务，由内部IT部门进行维护。

托管／互联网数据中心由电信业务经营者、互联网服务提供商及商业运营商拥有和运营。他们提供通过互联网连接访问的外包信息技术服务，同时提供互联网接入、Web或应用托管、主机代管及受控服务器和存储网络。

3.1.1 规划设计原则与目标

（1）数据中心规划设计

数据中心不仅是支持业务的关键基础设施，还承担了创新、可扩展性和适应性等多重使命。在整个数据中心生命周期中，业务需求的变化是不可避免的。为了确保数据中心能够适应未来的变化和挑战，数据中心规划设计要遵循安全可靠、节能降碳、节资增效、实施便利、适应发展五大基本原则，彼此兼顾。

① **安全可靠**。数据中心基础设施是保障数据中心运行安全的重要基础力量。基础设施技术的选择应充分考虑安全性、相关产品的可靠性、施工工艺的可控性，以及运行维护的可保障性。对于技术的引入，应充分考察和了解相关应用实例，注重试点探索和经验总结，确保满足相关等级供电和空调制冷可用度要求。

② **节能降碳**。注重绿色低碳、节能高效，充分权衡节能、节费及降碳之间的关系，选择自身用能少、损耗低、效率高、外特性优（例如输入输出谐波低、功率因数大等）、环境适应性强（例如工作环境温湿度范围等）的设备，并在节能、节水、节材、节地、保护环境等方面进行优化设计，做好绿色采购和绿色运营管理，协同提高资源利用率和能源利用效率，减少碳排放量。

③ **节资增效**。注重节省投资，在兼顾安全与节能、满足能力建设的基础上，通过综合比较，选择性价比优的技术方案，提高建设项目投资有效性。对于采用合同能源管理方式实施的节能类项目，也应充分评估综合造价与收益分成，提高项目的经济效益。

④ **实施便利**。机房建设和技术选择应同时注重其实施的便利性。一方面是注重技术方案的可操作性、选择成熟度高的产品，使安装工艺可控，尽量降低实施难度；另一方面是注重设备运行期间的运行可控性、维护便利性、故障可诊断能力及维修快捷性等，充分体现其技术优势。

⑤ **适应发展**。机房的业务需求、设备形态和技术迭代都是在不断发展变化的，技术的选择应具有一定的适应性和前瞻性，能够满足较长时期内的技术发展需求，顺应数据中心自身技术发展的方向。

同时，数据中心规划设计要具有一定的灵活性、通用性和弹性，在经济合理的情况下对其资源（能力、容量或建设条件）做适度的预留，使其能够实现一定程度的调配使用，以较好地适应因业务需求发展变化而带来的机房负荷及保障等级的变化，提高资源利用率。

（2）数据中心基础设施规划

在数据中心基础设施规划中，标准化与预制化的策略成为推动高效建设数据中心的关键因素。通过提前构建、优化工序和整合资源，数据中心可以在满足技术要求的同时，缩短建设周期，提高可靠性和适应能力。

① **实现规划设计的标准化**。在数据中心规划设计中，标准化是一个关键的策略，可以帮助实现快速灵活的调度，提高效率和可靠性。通过从建筑到设备各个层级的标准化，能够使数据中心更好地适应业务需求的变化，以下是一些关键步骤和方法。

- 从建设到细节的全面标准化。在数据中心建设的起始阶段，就应该考虑到全面的标准化，包括建筑空间、供电能力、制冷能力等方面。通过制定统一的设计标准和规范，确保在不同项目中实现一致性和可比性。

- 模块化和装配式建筑。在楼宇建设中，采用模块化和装配式建筑可以加快建设速度，同时也有利于建筑标准化。预制的模块可以在工厂中生产，然后在现场进行组装，从而减少施工时间和成本，并确保建筑质量的一致性。

- 标准的机房模型和设备配置。在规划设计阶段，应为数据中心内的机房制定标准的设计模型，包括机架布局、电力和网络布线等。在机房内部，设备的标准化配置也是关键。定义标准的供电和供冷配套模型，确保设备的布局和冷却系统的设计符合标准。

- 标准化接口和互联。在不同的标准层级之间，需要实现接口标准化。设备之间的互联要通过标准化接口实现层级的打通，以确保设备之间的协同工作和数据的流动，同时也有助于快速替换或升级设备。

② **在数据中心基础设施规划中，预制化的策略也是推动高效建设数据中心的关键因素**。通过提前构建、优化工序和整合资源，数据中心可以在满足技术要求的同时，大幅缩短建设周期，提高可靠性和适应性。

- 能力预制。为保证技术配套的一体性，大机电（包括高低压系统、柴油发电机系统、制冷系统）先行的策略是一项重要的预制化措施。通过提前布置电力、冷源等基础设施，为后续的机房二次侧部署创造条件。这种预制化方式能够大幅缩短项目整体的建设时间，降低项目风险，同时也为匹配机房端客户需求，以及后续的扩展升级提供了更多的灵活性。

- 管道预制。管道预制是整个预制化过程中的一个挑战，特别是对于采用冷冻水系统的机房。冷冻水系统管道工程的现场焊接、清洗、保温等工序可能会造成工期延误。因此，如何实现管道的快速预制接口和连接，成为预制化策略的重点之一。通过采用标准化接口和组件，提前制作并测试管道模块，可以显著缩短施工时间，提高施工质量。

- 设备预制。在整个预制方案中，设备预制是关键一环。尤其是实现一体化的供电基础设施和冷源装置，能够为整个数据中心的建设提供更高效的解决方案。通过提前制作、测试和优化设备，将其整合到现有建设模式中，可提升整体交付的效率和可靠性。

3.1.2　规划设计内容

数据中心的规划设计受到许多因素的影响，不同因素的优先级和重点会根据项目的特点而有所不同，因此需要在团队内部达成共识，以实现清晰可行的规划设计。

在规划设计过程中，需要综合考虑用地规划、能源评估、环境评估、市电容量、能效要求、机柜功耗等因素，以制定出最优的方案。以下是数据中心规划设计中的主要内容。

（1）用地规划

① **选址**。数据中心的选址应考虑市场需求、业务发展、供电引入容量和距离、供电稳定性、网络连接性等因素。并对地理位置进行可行性分析，考察地块地势、地质条件、水资源等，确定其是否适合建设数据中心，以及是否需要进行地块的改造。还需要评估数据中心周边环境的影响，包括交通、污染源、噪声等，根据评估结果，制定合适的环保措施，以减少环境影响。

② **土地性质**。在用地规划过程中，需要考虑当地的法律法规和土地性质。不同地区可能会有不同的规定，涉及土地用途、建筑高度、环保要求等，合规性是用地规划的重要一环。

③ **用地成本**。用地成本是数据中心规划中的一个重要因素。不同地区的用地成本可能差异很大，需要权衡成本与收益，以确保用地规划在经济可行范围内。

④ **用地申请和许可**。一旦用地规划确定，需要进行用地申请并获得相关许可，涉及政府部门的审批和合规性检查。

⑤ **用地面积的确定**。根据数据中心的规模、功能和业务需求、能源评估指标、市电容量，综合考虑确定所需的用地面积，包括主机房、辅助区、支持区、行政管理区等，用地面积的合理确定将影响数据中心的布局和容量。

⑥ 在用地规划中，要考虑**未来的发展需求和可扩展性**，并预留一定的用地空间，以支持数据中心的扩容和升级。

（2）能源评估

能源评估是数据中心规划设计中的重要环节，旨在确定数据中心在运行过程中所需要的电力和冷却能源消耗。通过能源评估，可以为数据中心的电力供应和冷却系统设计提供基础，以及制定节能和可持续发展策略。

通过准确的能源评估，数据中心可以更有效地利用能源，减少不必要的能源浪费，提高能源利用效率，降低运维成本，同时减少对环境的影响。

① **电力需求评估**。评估数据中心的电力需求，包括服务器、存储设备、网络设备等的功耗。考虑不同设备的类型和规模，计算每台设备的功耗需求。

② **冷却需求评估**。确定数据中心的冷却需求，包括设备产生的热量和环境温度。根据设备的热量释放和运行状态，计算所需的冷却容量。

③ **功耗计算**。对数据中心的设备进行功耗计算，确定峰值负荷和平均负荷。考虑到设备的不同工作状态，预测数据中心的能源需求变化。

④ **电力分配方案**。基于电力需求评估，制定电力分配方案，确保数据中心的设备可以稳定供电，电力分配方案涉及供配电系统、备用电源和不间断电源设备（Uninterruptible Power System，UPS）的配置。

⑤ **冷却系统设计**。根据冷却需求评估和当地的气候条件，选择高效经济的冷却系统，降低冷却能源的消耗。

⑥ **能源消耗预测**。基于功耗计算和设备的运行模式，预测数据中心的能源消耗。这有助于规划电力供应、成本预算和能源管理。

⑦ **能效指标计算**。计算数据中心的能效指标，例如 PUE 和水分利用效率（Water Use Efficiency，WUE）。这些指标将衡量数据中心的能源利用效率和节能程度。目前，碳利用效率（Carbon Use Efficiency，CUE）指标作为绿色可持续能源利用指标备受关注。CUE 指的是数据中心 CO_2 总排放量与 IT 设备负载能源消耗的比值，单位是 kg/kW·h。CUE 越小，代表数据中心的碳排放强度越低。

⑧ **可持续发展策略**。基于能源评估结果，制定可持续发展策略。考虑能源效率、可再生能源的利用等，优化数据中心的能源消耗和环境影响。

⑨ **能源管理系统**。设计能源管理系统，实时监测数据中心的能源消耗和性能，及时发现问题并采取措施。

⑩ **节能措施**。根据能源评估结果，制定节能措施，包括优化设备配置、改善机房气流组织、使用高效冷却技术等。

（3）环境评估

环境评估在数据中心规划设计中是至关重要的步骤，旨在评估数据中心的建设和运营对周围环境的影响，包括空气质量、水资源、噪声等。通过环境评估，可以制定环保措施，降低数据中心对环境的不良影响。

① **噪声评估**。评估数据中心建设和运营对周围环境产生的噪声。可能涉及冷却设备、发电设备、机房运行等产生的噪声水平，以及是否需要采取隔音、消音等措施。

② **大气排放评估**。评估数据中心产生的大气排放，例如空气污染物、温室气体等。根据排放情况，制定减少大气排放的策略，降低对空气质量的影响。

③ **水资源评估**。评估数据中心对水资源的需求和影响。考虑冷却水、消防用水等的需求，确保对水资源的合理利用和保护。

④ **土壤和地下水评估**。评估数据中心的建设和运营对土壤和地下水的影响。避免土壤污染和地下水污染，采取相应的防护措施。

⑤ **生态系统影响**。考虑数据中心对周围生态系统的影响，例如野生动植物栖息地、自然景观等。确保数据中心的建设不会对生态平衡造成不利影响。

⑥ **环境影响评估报告**。将环境评估结果整理成环境影响评估报告，对数据中心建设和运营的影响进行详细描述，便于政府审批和合规性检查。

⑦ **环境保护措施**。基于环境评估结果，制定环境保护措施，包括排放控制、噪声隔离、水资源管理等措施，以降低环境影响。

⑧ **可持续发展策略**。根据环境评估结果，制定可持续发展策略，促进绿色数据中心建设，考虑使用可再生能源、节能设备等，降低环境负担。

⑨ **社会责任和公众参与**。在环境评估中，需要考虑社会责任和公众参与。

（4）市电容量

市电容量是指数据中心所需要的电力供应容量，可用于支持设备的正常运行和备用电源的要求。在数据中心规划设计中，确保足够的市电容量是关键，以防止电力不足或中断对数据中心造成的不良影响。

① **电力需求评估**。电力需求评估需要计算所有设备的总功耗，包括服务器、存储设备、网络设备、冷却设备等。根据设备类型、数量和规模，预测数据中心的电力需求。

② **峰值负荷和平均负荷**。在电力需求评估中，需要考虑设备的峰值负荷和平均负荷。峰值负荷是指设备在最高负载时的功耗，平均负荷是指设备在正常运行状态下的功耗。

③ **备用电源需求**。除了正常供电，数据中心通常需要备用电源，例如 UPS 和发电机组。备用电源可用于在市电中断时维持数据中心的运行，避免服务中断。

④ **电力容量规划**。基于电力需求评估和备用电源需求，确定数据中心所需的市电容量，以及电力供应设备的型号和配置。

⑤ **电力分配方案**。根据市电容量规划，制定电力分配方案。确保每台设备能够稳定供电，避免电力不足造成的性能下降或故障。

⑥ **主电源和备用电源**。设计主电源和备用电源的连接和切换方式，确保在市电中断时能够平稳切换到备用电源，以维持数据中心的运行。

⑦ **不间断电源系统设计**。根据数据中心的负荷和备用时间要求，确定 UPS 或高压直流（High Voltage Direct Current，HVDC）电源作为备用电源，设计系统容量和配置。

⑧ **发电机组设计**。使用发电机组作为备用电源，需要设计发电机组的容量，以满足数据中心在市电中断时的电力需求。

⑨ **电力稳定性和谐波**。考虑电力供应的稳定性和谐波情况，确保供电质量符合设备的要求。

⑩ **电力供应协议**。与供电部门协商，确定电力供应协议，包括电力接入方案、电力容量、电价等。

（5）能效要求（PUE、WUE、CUE）

能效是数据中心规划设计中的关键考虑因素，通过优化 PUE、WUE、CUE，提升算力碳效水平。

① **数据中心 PUE**。指数据中心总耗电量与数据中心 IT 设备耗电量的比值，一般用年均 PUE 衡量。详细计算和测量要求参照 YD/T 2543—2013《电信互联网数据中心（IDC）的能耗测评方法》。PUE 大于 1，越接近 1 表明用于 IT 设备的电能占比越高，制冷、供配电等非 IT 设备耗能占比越低。

计算公式为：$PUE = P_{Total}/P_{IT}$

式中：

P_{Total}——维持数据中心正常运行的总耗电量，单位为 kW·h。

P_{IT}——数据中心中 IT 设备耗电量，单位为 kW·h。

② **数据中心 WUE**。指数据中心总耗水量与数据中心 IT 设备耗电量的比值（单位：L/kW·h），一般用年均 WUE 衡量。WUE 越小，代表数据中心利用水资源的效率越高。

计算公式为：$WUE = (\sum L_{总耗水})/\sum P_{IT}$

式中：

$L_{总耗水}$——数据中心的总耗水量，单位是 L。

P_{IT}——数据中心中 IT 设备耗电量，单位为 $kW \cdot h$。

③ **数据中心 CUE**。指数据中心 CO_2 总排放量与 IT 设备负载能源消耗的比值，单位是 $kg/kW \cdot h$。CUE 越小，代表数据中心的碳排放强度越低。

计算公式为：$CUE = E_{排放量} / \sum P_{IT}$

式中：

$E_{排放量}$——核算各个源头的能源（例如电、天然气、柴油等）占比、碳排放因子、排放量，进行 CO_2 当量转换，获得碳排放总量，单位是 kg。

P_{IT}——数据中心中 IT 设备耗电量，单位为 $kW \cdot h$。

目标设定： 在规划设计数据中心的过程中，根据业务需求和可持续发展目标，需要制定 PUE、WUE、CUE 的目标值。一般来说，在绿色等级评估技术方法中，对 IT 设备、制冷设备和其他设备提供了节能技术参考，相应的性能评价指标主要是 PUE。此外，WUE、CUE 等指标也是重要的参考指标。

能效改进措施： 为了达到较低的 PUE 和 WUE，数据中心需要采取一系列能效改进措施，这包括使用高效的冷却技术、改进气流组织、优化设备布局、使用可再生能源等。在当前的"双碳"背景下，国家有关数据中心的各项政策从关注 PUE 逐步转向 CUE，CUE 是"双碳"背景下数据中心运营可量化的碳排放指标，作为综合性指标，不仅要减少数据中心的碳排放量，还要减少数据中心的 PUE 和柴油发动机等其他发电设备的碳排放量，增加可再生能源发电。关注 CUE，找到数据中心节碳的关键，可帮助数据中心的管理人员更好地了解、衡量基础设施产生的温室气体排放量和影响。

监测和优化： 通过实时监测数据中心的能源消耗和水资源的使用情况，可以及时发现问题并采取优化措施，能源管理系统可以帮助数据中心管理者实现能效的持续改进。

（6）机柜功耗

机柜功耗是指机柜内的设备（例如服务器、网络设备等）在运行过程中所消耗的电力。在数据中心的规划设计中，合理管理机柜功耗对于确保设备的稳定供电、适当散热和提高能源效率都是至关重要的。以下是关于机柜功耗的详细描述。

① **设备功耗评估**。对机柜内的设备进行功耗评估，包括服务器、交换机、存储设备等。不同设备类型和型号的功耗可能有所不同，因此需要详细了解设备的技术规格和能

耗数据。

② **功耗管理**。在设计阶段，要考虑如何管理机柜内设备的功耗。可以设置功耗限制，确保不超过机柜的电力容量，以避免出现电力不足或过载问题。

③ **散热需求**。高功耗设备可能产生大量的热量，需要采取适当的散热措施，以防止设备过热影响性能。机柜内的散热设计要与功耗管理相协调。

④ **电力分配**。根据设备功耗评估，合理规划机柜内设备的电力分配。确保每台设备能够稳定供电，避免出现因功耗不均衡导致的问题。

⑤ **电源管理**。可以使用智能电源分配单元（Power Distribution Unit，PDU）来监测和管理机柜内设备的功耗。PDU 可以实时监测功耗、电流、电压等数据，并根据需求分配电力。

⑥ **热管理**。针对高功耗设备，设计机柜内的热管理系统，包括散热设备、风扇、通风孔等，确保设备在适宜的温度范围内运行。

⑦ **节能措施**。优化设备配置和布局，以及使用高效的设备可以降低功耗。采用虚拟化技术、动态功耗管理等方法可以进一步提高能源效率。

⑧ **监测和报警**。在机柜内安装监测装置，实时监测设备功耗情况，并设置报警机制，以便在设备功耗超出预定范围时及时采取措施。

⑨ **扩展考虑**。在规划机柜功耗的过程中，要预留一定的余量，以便未来设备的扩展和升级。

3.1.3　数据中心分级体系

数据中心基础设施分级是指评价其可靠性和安全性，对数据中心设计、建设及运维起到重要作用。

国内外大部分数据中心标准都以可用性及可靠性为依据分级，分级数量大多为 4～5 级。其中，GB 50174—2017《数据中心设计规范》从数据中心使用性质及运行中断所导致的危害出发，对数据中心等级进行划分。YD/T 2441—2013《互联网数据中心技术及分级分类标准》的分级依据涉及绿色节能、可靠性和安全性等方面。欧洲标准 EN 50600 兼顾能效实施及安全防护的分级，TGG 分级方法还考虑了节能技术、绿色管理等维度。国内外数据中心主要标准分级依据见表 3-1。

表3-1　国内外数据中心主要标准分级依据

标准类型	标准编号	分级依据						分级数量
		可用性	可靠性	安全防护	能效	节能技术	绿色管理	
国内标准	GB 50174—2017	√	√					3 级
	YD/T 2441—2013	√	√	√	√	√	√	5 级 /3 级 / 5 级
	YD/T 5235—2019	√	√					4 级
国外标准	Uptime Tier 标准	√	√					4 级
	TIA-942 标准	√	√					4 级
	ANSI/ BICSI 002 标准	√	√					5 级
	EN 50600 标准	√	√	√	√			4 级 /4 级 / 3 级
	TGG 标准				√	√	√	5 级
	TÜV TSI 标准	√	√					4 级

（1）国内数据中心分级

GB 50174—2017《数据中心设计规范》将数据中心划分为 A、B、C 共 3 级，并规定设计时应根据数据中心的使用性质、数据丢失、因网络中断对经济或社会造成的损失和影响程度确定其所属等级，其中，A 级可用性和可靠性等级最高，C 级可用性和可靠性等级最低，《数据中心设计规范》分级方法见表 3-2。

表3-2　《数据中心设计规范》分级方法

分级	说明
A 级	宜按照容错系统配置，在电子信息系统运行期间，基础设施应在一次意外事故后或单系统设备维修或检修时仍能保证电子信息系统正常运行
B 级	应按照冗余要求配置，在电子信息系统运行期间，基础设施在冗余能力范围内，不得因设备故障而导致电子信息系统运行中断
C 级	应按照基本需求配置，在基础设施正常运行的情况下，应保证电子信息系统运行不中断

YD/T 2441—2013《互联网数据中心技术及分级分类标准》规定了互联网数据中心在绿色节能、可靠性和安全性3个方面的分级分类技术要求,并适用于互联网数据中心的规划、设计、建设、运维和评估。《互联网数据中心技术及分级分类标准》分级方法见表3-3。

表3-3　《互联网数据中心技术及分级分类标准》分级方法

分级内容	评定指标	分级名称
绿色节能	能源效率、节能技术和绿色管理	G1～G5级
可靠性	机房位置选择、环境要求、建筑与结构、空气调节、电气技术、机房布线、消防、给排水等14个方面	R1～R3级
安全性	YDB 116—2012《互联网数据中心安全防护要求》和YDB 117—2012《互联网数据中心安全防护检测要求》相关规定	S1～S5级

YD/T 5235—2019《数据中心基础设施工程技术规范》根据业务需求及客户要求将数据中心主机房划分为 A+ 级、A 级、B 级、C 级共 4 级,《数据中心基础设施工程技术规范》分级方法见表3-4。

表3-4　《数据中心基础设施工程技术规范》分级方法

分级	说明
A+级	场地设施应按容错系统配置,在电子信息系统运行期间,场地设施不应因操作失误、设备故障、外电源中断、维护和检修导致电子信息系统运行中断
A级	场地设施应按冗余在线维护系统配置,在电子信息系统运行期间,可在有计划的情况下在线维护和检修系统。场地设施不应因设备故障、外电源中断导致电子信息系统运行中断
B级	应按冗余要求配置,在系统运行期间,场地设施在冗余能力范围内,不应因设备故障而导致电子信息系统运行中断
C级	基本型,在场地设备正常运行的情况下,应保证机房各系统运行不中断

（2）国外数据中心分级

① Uptime Tier 分级。

Uptime Institute 是全球公认的第三方认证机构和数据中心标准组织,其主要基于 *Data Center Site Infrastructure Tier Standard: Topology* 和 *Data Center Site Infrastructure Tier Standard: Operational Sustainability* 两个标准开展数据中心认证等级。这两个标准是目前数据中心业界知名、权威的认证等级标准,分级认证内容涉及数据中心设计、建设及运维各阶段。

Uptime Tier 标准将数据中心机房分为 Tier Ⅰ ～ Tier Ⅳ共 4 级,其中,Tier Ⅰ级最低,Tier Ⅳ级最高,Uptime Tier 分级方法见表3-5。

表3-5 Uptime Tier分级方法

分级	名称	说明
Tier Ⅰ级	基本容量	配置非冗余容量组件及单一的非冗余分配路径
Tier Ⅱ级	冗余容量组件	配置冗余容量组件及单一的非冗余分配路径
Tier Ⅲ级	可并行维护	配置冗余容量组件及多条独立分配路径。任何状态只需要一条分配路径为关键环境提供服务
Tier Ⅳ级	容错	配置多个独立的物理隔离系统提供冗余容量组件，以及多条独立、不同的分配路径同时为关键环境提供服务。发生任何故障后，均会有"N"容量基础设施为关键环境提供服务

② TIA-942 分级。

美国国家标准学会（ANSI）和美国通信工业协会（TIA）于 2005 年共同发布了 TIA-942《数据中心电信基础设施标准》（*Telecommunications Infrastructure Standard for Data Centers*），对数据中心的设计和施工过程提出了相关的技术要求。该标准根据数据中心基础设施的可用性、稳定性和安全性将数据中心分为 4 级，并描述了数据中心关键基础设施在不同级的配置要求。TIA-942-A-2014 分级方法见表 3-6。

表3-6 TIA-942-A-2014分级方法

分级	名称	说明
Ⅰ级	最基本	没有冗余组件，电源和冷却设备只连接一条单独的路径，易受计划的和非计划的活动引起中断的影响
Ⅱ级	部件冗余	有冗余组件，电源和冷却设备只连接一条单独的路径，受计划的和非计划的活动引起的中断的影响比Ⅰ级小
Ⅲ级	可在线维修	有冗余组件，电源和冷却设备有多条分布路径，但是只有一条路径运行，系统可以在线维护。允许任何有计划的现场基础设施维修，非计划的活动仍会导致数据中心机房运行中断
Ⅳ级	故障容错	有冗余组件，电源和冷却设备有多条分布路径，至少有两条路径正常运行，基础设施故障容忍度较高。允许任何有计划的现场基础设施活动，至少可以承受一种最坏情况的非计划内的故障影响

③ ANSI/BICSI 002 分级。

ANSI/BICSI 002-2014《数据中心设计和实施最佳实践》（*Data Center Design and Implementation Best Practices*）中规定了数据中心建设要求并提供了大量实施和实践方法。此标准将数据中心基础设施可用性分为 F0 ～ F4 共 5 级，其分级方法综合考虑了数据中心的 5 种运维等级要求与 5 类风险程度。5 种运维等级划分依据为数据中心基础设施允许年度计划维护时间范围，5 类风险程度划分依据为停机所影响的地域范围和停机时间对关键业务的影响。通过 5 种运维等级和 5 类风险程度构成的二维矩阵可确定数据中心可用性分级，BICSI 002 数据中心可用性分级方法见表 3-7。

表3-7　BICSI 002数据中心可用性分级方法

停机影响	运维等级				
风险程度	0	1	2	3	4
企业范围	F1 级	F2 级	F3 级	F4 级	F4 级
多区域	F1 级	F2 级	F3 级	F3 级	F4 级
区域	F1 级	F2 级	F2 级	F3 级	F3 级
本地	F0 级	F1 级	F2 级	F3 级	F3 级
本地局部	F0 级	F0 级	F1 级	F2 级	F2 级

④ EN 50600 分级。

欧洲标准 EN 50600《信息技术—数据中心设施与基础设施》(*Information Technology—Data Center Facilities and Infrastructure*）由欧洲电工标准化委员会组织编制，该标准为欧洲统一的数据中心基础设施标准，涵盖了场地环境、建筑、空调、配电、安全及运维等技术领域，并将数据中心分级分为 3 个部分：可用性分级，分为 4 级；安全防护分级，分为 4 级；能效实施分级，分为 3 级。因此，按照 EN 50600 标准，需要从 3 个方面对数据中心进行设计和规划。EN 50600-2 可用性 C1 ~ C4 分级方法见表 3-8。

表3-8　EN 50600-2可用性C1~C4分级方法

可用性分级配置	可用性分级 C1	可用性分级 C2	可用性分级 C3	可用性分级 C4
基础设施的整体可用性	低	中	高	极高
配电	单路径（无冗余组件）	单路径（适应能力由冗余组件提供）	多路径（由系统提供的冗余弹性）	多路径（即使是在维护时容错）
环境控制	无特殊要求	单路径（无冗余组件）	单路径（适应能力由冗余组件提供）	多路径（由系统提供的冗余弹性），满足运行期间维护
通信布线基础设施	使用直接连接的单路径	使用固定的基础设施的单路径	使用固定的基础设施的多路径	使用具有不同的通信基础设施的多路径

⑤ TGG 分级。

近年来，TGG(中国）在全球推出了对数据中心的综合评估认证项目——数据中心绿色等级认证，此认证从能源效率、节能技术、绿色管理 3 个方面对数据中心进行测试和综合评分，根据评分结果将数据中心划分为 1A～5A 共 5 级，数据中心绿色等级认证分值见表 3-9。其中，5A 是最高级，数据中心绿色等级认证包含了 PUE 测试及管理水平、技术应用能力等评测项目，同时将数据中心的绿色建筑设计作为加分项目，可以更加全面地体现数据中心的绿色水平。

表3-9　数据中心绿色等级认证分值

分数	评级	绿色评级分值占比情况
[95，110]	5A	能源效率（55 分） 节能技术（35 分） 绿色管理（10 分） 加分项（10 分）
[85，95）	4A	
[75，85）	3A	
[60，75）	2A	
[0，60）	1A	

⑥ TÜV TSI 分级。

可信任站点基础设施（Trusted Site Infrastructure，TSI）体系由德国 TÜViT 机构建立，以数据中心关键基础设施为主要关注对象，以可用性及可靠性为关键点，根据国际上主流的数据中心标准、规范、准则和指南，对数据中心基础设施进行技术评审和分级认证。TÜV TSI 体系将数据中心划分为 8 个专业领域，制定了 157 项技术评审细则，评审过程涉及数据中心的规划、设计、施工、验收和运维等阶段。根据技术评审结果将数据中心基础设施划分为 4 级，TÜV TSI 数据中心分级标准见表 3-10。

表3-10　TÜV TSI数据中心分级标准

分级	说明
L1	中等保护要求 / 中等可使用性（与德国联邦信息安全办公室发布的基准保护目录的基础设施要求相对应）
L2	更高的保护要求 / 更高的可使用性（在前述评估方面的基础上有附加要求）
L3	高级保护要求 / 高可使用性（供应配件的完全备份 / 部分路径备份，保证有效元件没有故障点，可同时维护）
L4	特高级保护要求 / 最高的可使用性（没有环境风险，具备先进的物理入口控制，出现警报时，干预时间最短）

3.1.4　能效限定值及能效等级

数据中心能效限定值和能效等级是评估、管理和优化数据中心性能的关键指标和分类方式。数据中心能效限定值代表了数据中心运营者设定的目标和标准，旨在降低能源消耗、最大化资源利用率和降低运营成本。这些限定值通常以 PUE 等度量标准的形式呈现，作为衡量数据中心能源效率的依据。通过定期监测和优化 PUE，数据中心可以实现更高的能效水平，将更多的电力资源用于信息设备，而不是用于冷却、照明和其他基础设施。

国家标准化管理委员会于 2021 年发布 GB 40879—2021《数据中心能效限定值及能效等级》。数据中心能效标准采用的能效评价模型为数据中心电能比模型，该模型有别于行业内常用的 PUE 评价模型，解决了 PUE 评价模型只能用于单个数据中心在不同时间段内的纵向比较，无法用于解决不同数据中心之间横向比较的问题。基于数据中心能耗测量的可操作性，该标准给出两种测量方式，既可以使用现场布置的临时仪表，也可以使用数据中心自带的满足标准精度要求的监测设备进行测量计算。对于自带满足标准精度要求的监测设备的数据中心，特性工况法测算值和全年测算值均应满足标准的相关要求。

数据中心能效标准的适用范围与数据中心建筑规范的国家标准要求，以及国家发展和改革委员会、工业和信息化部等部委已发布的数据中心能耗要求保持一致，适用于除边缘数据中心外各种类别的数据中心建筑。考虑到测量的可操作性，GB 40879—2021 将适用范围限定于新建和改扩建的数据中心，不适用于已建的数据中心和边缘数据中心。

新建数据中心是指建设单位按照规定的程序立项，新开始建设的数据中心。

改建的数据中心是指建设单位将现有建筑改建成数据中心，或者改建现有数据中心机房。

扩建的数据中心是指建设单位为了提升数据中心的业务能力、增加机柜数量或提高机柜功耗等而建设的数据中心。

边缘数据中心是指规模较小，部署在网络边缘，靠近用户侧，实现对边缘数据计算、存储和转发等功能的数据中心，单体规模通常不超过 100 个标准机架。

GB 40879—2021 还根据数据中心使用的冷源形式将标准适用范围限定为采用电驱动空调设备的数据中心，即不适用于余热制冷、太阳能制冷等形式的数据中心。

信息设备和冷却系统的耗电量是数据中心能耗最主要的两大部分，数据中心设备耗电量占比如图 3-1 所示，是划分数据中心能效等级的重要因素。

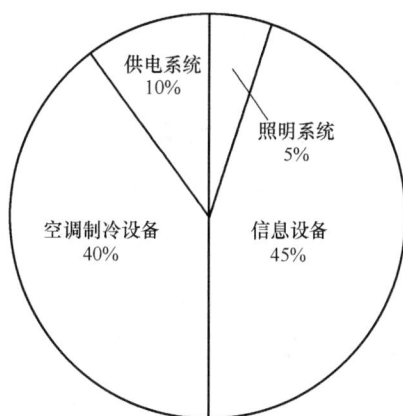

图 3-1　数据中心设备耗电量占比

① **数据中心负载率对能效指标影响的考量。**信息设备的能耗与数据中心的负载率有较大的关系，负载率是指数据中心建成基础设施之后，信息设备的上架率及运行率，是数据中心运行方可调控的因素。通常，初期上架率相对较低，逐步达到设计的满负载，耗时不同，不同数据中心的使用情况不同，第三方数据中心的上架率增长速度较快，自用数据中心上架率增长速度略慢。尤其是多年前建设的数据中心，节能措施考虑不充分，配置的空调制冷系统可能均处于开机状态，但信息设备并没有达到设计负载，对于电能比的影响较大。近年来，新建数据中心通常采用模块化的设计理念，将 1 个大数据中心拆分成多个小的模块单元，当上架率较低时，有两个因素可以降低对能效的影响：一是将信息处理任务集中到少量模块单元中运行，使得这些模块单元上架率高，但电能比不受影响；二是冷却设备目前基本是模块化设计、变频控制，供电系统采用各种休眠节能技术，这样在上架率较低时，冷却、供电系统并不会按照满载工作，而是根据数据中心信息设备负载情况调节。因此，运行的电能比和满载情况下的电能比差异不大，所以数据中心能效标准不单独考虑负载率的影响因子，即使对于未采用模块化设计的数据中心，GB 40879—2021 也希望通过引导其向节能运行努力，尽量提高负载率，减少资源闲置，促进数据中心行业的健康发展。

② **数据中心所处气候区域对能效指标影响的考量。**数据中心冷却系统的耗电量与数据中心所处的气候区域有着密切的关系。在不同的气候区域，空调制冷设备运行的外界环境不同，导致压缩制冷循环系统的输入功率不同，数据中心机房产生相同的制冷量所需要的耗电量差异较大。对于气候区域因素的影响，GB 40879—2021 电能比的评价模型通过采用统一基准的特性工况测算法，以运用温度分布系数计算耗电量的方式予以考量，

让不同气候区域的数据中心在统一基准上具有可比性。因此，根据 GB 40879—2021 划分能效等级时不再对气候区域进行考量。

③ **数据中心安全等级对能效指标影响的考量。**通常，业内依据 GB 50174—2017《数据中心设计规范》中的要求，根据数据中心的使用性质、数据丢失或网络中断对经济或社会造成的损失或影响程度，将数据中心分为 A、B、C 共 3 级，其中 A 级建设等级最高，冗余度最大。目前，新建和改建的数据中心绝大部分按 A 级设计。因此，该标准在划分能效等级时不再考虑安全等级的影响，数据中心能效等级标准有关等级划分的原则为：综合考虑数据中心能效现状、国家及地方政策、节能潜力等因素，在保证能效指标的先进性和合理性的前提下，根据数据中心节能技术的发展趋势，充分考虑未来各类用能产品可能达到的能效水平，做到技术上可行、经济上合理，最大限度地促进数据中心 PUE 的提升和节能技术的进步。依据上述原则，将数据中心能效等级划分为 3 级，1 级表示能效水平最高，2 级表示节能评价值，3 级表示能效限定值。数据中心能效等级指标见表 3–11。

表3–11　数据中心能效等级指标

指标	能效等级		
	1 级	2 级	3 级
数据中心电能比	1.2	1.3	1.5

3.1.5　数据中心等级评定标准

信息技术的发展带动各行各业的发展，而数据中心是一切信息技术的基础，因此，数据中心已成为企业乃至国家发展不可缺少的元素。数据中心的设计、施工和运维管理能否满足企业发展的需要，是否满足国家标准规范的要求，应由第三方专业评定机构进行等级评定。

数据中心是为信息服务的，信息是为各行各业服务的。不同行业、不同用户对数据中心的可靠性和可用性的要求不同。例如，金融行业对可靠性的要求很高，数据中心一旦出现故障，将造成重大的经济损失，严重的数据丢失事件将造成公共场所秩序的严重混乱，因此，金融等行业应按照高可靠性的要求建设数据中心。但不是所有单位或行业都要求高可靠性，高可靠性意味着高投入，当用户不需要很高的可靠性时，如果也按照金融行业的要求建设数据中心，将造成资金和资源的严重浪费。因此，GB 50174—2017《数据中心设计规范》将数据中心划分为 A、B、C 共 3 级。2017 年 10 月 19 日，中国工程建设标准化协会发布 T/CECS 488—2017《数据中心等级评定标准》，自 2017 年 12 月 1 日起施行，结束了等级评定无序和无标准的时代。在此之前，社会上有一些组织机构开展数据中心等级评定工作，但都是在没有统一的评定方法和评定标准的前提下进行的，T/CECS 488—2017 规范和统一数据中心等级评定的方法，提高数据中心设计、施工和运维管理的技术水平。

（1）等级评定的内容

数据中心全生命周期包括设计阶段、施工与竣工阶段、运维管理阶段，每个阶段既相互关联又各自不同，都有各自的特点和要求。设计阶段注重各专业的设计方案是否满足使用要求；施工与竣工阶段注重施工质量是否达到设计要求；运维管理阶段注重运维手段和管理方法。因此，T/CECS 488—2017 规定：数据中心等级评定应分为设计阶段等级评定、施工与竣工阶段等级评定、运维管理阶段等级评定。

设计阶段等级评定应包括数据中心选址、设备布置、建筑与结构、电气、空气调节、智能化系统、网络与布线系统、给水排水、消防与安全、电磁屏蔽。

施工与竣工阶段等级评定应包括室内装饰装修、供配电、空气调节、给水排水、网络与布线、智能化系统、竣工验收。

运维管理阶段等级评定应包括数据中心运维管理组织架构与人力资源、服务流程管理、基础设施运维管理、能效和能源管理、应急管理、安全管理、成本与容量管理、资产与档案管理、文件与质量管理、外包管理。

（2）等级评定的方法

① **自愿和信任原则。**

T/CECS 488—2017 明确规定：设计阶段等级评定应由设计单位、建设单位或业主单位自愿申报；施工与竣工阶段等级评定应由施工单位、建设单位或业主单位自愿申报；运维管理阶段等级评定应由运维管理单位或业主单位自愿申报。数据中心等级评定应基于信任的原则，也就是说，等级评定机构应首先相信申报单位提供的材料真实有效，审查专家应基于申报材料和现场检查进行评审，申报单位和审查专家的目的是一致的，都是为了使数据中心符合标准和达到使用要求而努力。

② **评定专家组成。**

T/CECS 488—2017 规定：数据中心等级评定应由专家组进行，专家组成员不应少于 5 人。设计阶段等级评定专家组应由数据中心设计领域的专业技术与管理人员组成；施工与竣工阶段等级评定专家组应由数据中心设计、施工和检测领域的专业技术与管理人员组成；运维管理阶段等级评定专家组应由数据中心运维和检测领域的专业技术与管理人员组成。

设计阶段等级评定专家组的专业技术人员宜由规划、工艺、建筑、结构、电气、自动控制、通信、空调、给排水等专业的专家组成，最少应由建筑、电气、通信、空调、给排水5类专业技术人员组成。专业技术人员应具有高级技术职称，且从事数据中心设计工作10年以上。

③ **达到什么条件属于评定合格。**

数据中心等级评定分为关键条款和可选择条款，关键条款是必须符合的，可选择条款可以有一定的差异性，在条件许可时首先应满足可选择条款，如果有其他被认可的改进措施，也可认定为符合要求。T/CECS 488—2017 规定：关键条款应 100% 审核并合格；可选择条款应 100% 审核，合格率不应低于 90%。关键条款存在不合格项或可选择条款合格率低于 90% 时，应在 6 个月内完成整改，整改后应重新审核相关条款。

T/CECS 488—2017 列出的内容，并不是所有数据中心项目都包含的，如果某个数据中心项目不包含某些内容，在计算合格率时，不应计算这部分内容。例如，某个数据中心没有屏蔽室，则屏蔽室的内容不应在评定的范围内。审查专家认为项目应该达到的关键条款和可选择条款应 100% 审核。

3.1.6 绿色数据中心评价指标体系

为引导数据中心走高效、低碳、集约、循环的绿色发展道路，工业和信息化部联合北京市发展和改革委员会、商务部、国家机关事务管理局、能源局、中国银行保险监督管理委员会组织开展绿色数据中心推荐工作，以《绿色数据中心评价指标体系》作为重要依据，指导各地对一批能效水平高、技术先进、管理完善、代表性强的数据中心进行推荐。

（1）评价指标体系

① **体系组成。**绿色数据中心评价指标体系紧扣绿色数据中心建设的目标和任务，通过建立更科学、更完善的评价指标体系，打造一批绿色数据中心的先进典型，形成一批具有创新性的绿色技术产品和解决方案。

绿色数据中心评价指标体系中，指标的选取涵盖了数据中心全生命周期过程，通过科学分配权重，综合评价绿色数据中心建设及运维管理情况。评价指标体系由"能源资源使用情况""绿色设计及绿色采购""能源资源使用管理""设备绿色管理"和"加分项"

共 5 个方面、17 个指标项组成,具体见表 3-12,比较客观地反映了各地绿色数据中心在设计、建设、运维、测评和用能管理等工作的总体情况。评价指标体系同时给出了每个指标的定义、口径范围、计算方法、权重分值、评分规则等信息,确保绿色数据中心的评价工作能够按照统一标准开展。

表3-12 绿色数据中心评价指标

序号	指标	权重分值
一、能源资源使用情况		
1	PUE	60
2	设计指标达标情况	3
3	IT 设备负荷使用率	3
4	可再生能源使用率	2
5	水资源使用率	2
二、绿色设计及绿色采购		
6	绿色先进适用技术产品应用	10
7	清洁能源利用系统	2
8	绿色采购	2
三、能源资源使用管理		
9	能源使用管控	4
10	水资源使用管控	2
11	节能诊断服务	2
12	第三方评测	2
四、设备绿色管理		
13	电器电子产品有害物质限制使用管理	2
14	废旧电器电子产品处理	2
15	废弃物处理	2
五、加分项		
16	可再生能源电力消纳及绿色电力证书消费	3
17	促进行业绿色发展提供公共服务情况	2

② **得分权重**。为指导具体评价过程,该套评价指标体系除对 17 个指标项提出具

体的可对标的评价依据外，还对"绿色先进适用技术产品应用""能源使用管控""水资源使用管控"3项指标进一步细化，最终形成26个具体评价得分项，并且给出了对应的评分规则及权重分值，如图3-2所示。依据指标体系权重分值，总分值为105分。其中，能源资源使用情况占比最大（70分），其余各项占比得分从高至低依次为绿色设计及绿色采购（14分）、能源资源使用管理（10分）、设备绿色管理（6分）和加分项（5分）。

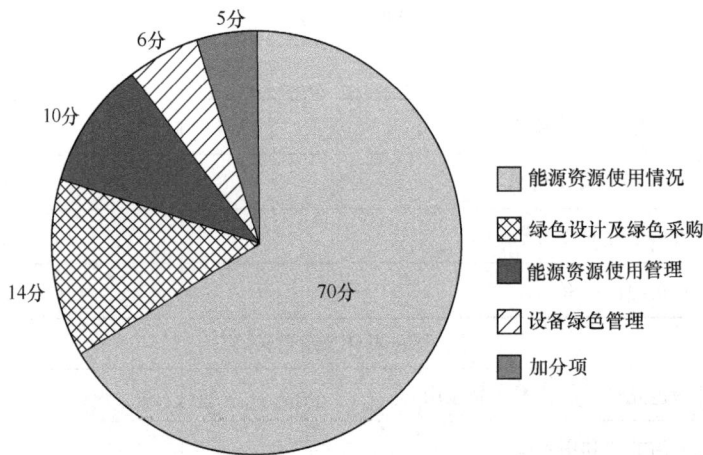

图3-2 评分规则及权重分值

（2）考察要点

① **能源资源使用情况**。在数据中心能源资源使用情况方面，重点考察PUE、WUE等数据中心关键性能指标及设计指标达标情况，评测数据中心IT设备负荷的使用率，能源资源使用情况考察要点分析见表3-13。

表3-13 能源资源使用情况考察要点分析

序号	指标	考察要点分析
1	PUE	数据中心总耗电量和IT设备耗电量测量点以及计量仪表应符合《电信互联网数据中心（IDC）的能耗测评方法》的要求，耗电量应与电费单据相匹配；PUE的计算过程应为数据中心12个连续月的总耗电量与IT设备耗电量之比，不能将单月PUE相加取平均值
2	设计指标达成情况	应重点关注数据中心能评报告、项目备案表、可行性研究报告及设计说明的批复等文件中关于PUE的内容，不能以数据中心单月数据代替连续一年的数据
3	IT设备负荷使用率	计算过程中重点关注数据中心12个连续月的总耗电量、总安装机柜数及机柜标称总和是否与证明材料相匹配。此项指标不能用单机柜实际功率除以设计功率计算得出

续表

序号	指标	考察要点分析
4	可再生能源使用率	对于所采用的可再生能源电量,数据中心应具有直接所有权
5	水资源使用率	数据中心IT设备耗电量测点以及计量仪表应符合《电信互联网数据中心(IDC)的能耗测评方法》的要求。计算过程应为数据中心12个连续月的用水量与IT设备耗电量之比,不能为单月水资源使用率相加取平均值。若采用开式水冷系统,水资源使用率通常高于0.6L/kW·h

② **绿色设计及绿色采购**。在绿色设计及绿色采购方面,鼓励数据中心采用先进绿色节能技术产品,提高数据中心对自然冷源、分布式可再生能源和余能余热等形式的清洁能源的利用能力,建立和完善绿色采购制度,绿色设计及绿色采购考察要点分析见表3-14。

表3-14 绿色设计及绿色采购考察要点分析

序号	指标	考察要点分析
1	绿色先进适用技术产品应用	冷源:根据指标要求,数据中心应提供设备铭牌、节能标识等照片,重点关注设备的性能系数(Coefficient of Performance,COP)、综合部分负荷性能系数(Integrated Part Load Value,IPLV)的数值
		水泵/通风机:水泵的节能评价值及能效限定值应根据水泵的转速、扬程、流量、泵效率等技术参数、水泵性能曲线图计算得出;通风机应重点考察机组的效率
		变压器:数据中心应提供设备铭牌照片、设备手册或检测报告关键页等证明材料,重点考察设备的空载损耗及负载损耗
		能源、资源信息化管控系统:根据指标要求,数据中心应提供能源、资源信息化管控系统实现不同功能的截屏照片,包括管控系统实现监控设备运行状态及工作参数的功能、实时显示各系统及主要设备对能源和资源的使用情况的功能、智能分析的功能等
		其他:重点考察数据中心提供的技术产品与《绿色数据中心先进适用技术产品目录》的对应性,证明材料应附有产品实际照片及简要功能介绍;所列产品不应包含以上4类中的产品
2	清洁能源利用系统	应充分分析数据中心所在地域、气候条件,提供相关设备、系统的照片和相关说明
3	绿色采购	数据中心应提供目前所执行的相关绿色采购制度;重点考察制度中是否明确表明优先采购相关节能环保产品

③ **能源资源使用管理**。在能源资源使用管理方面,数据中心应强化能源管控,建立节水制度,充分利用水资源,积极开展节能诊断服务及第三方评测工作,能源资源使用管理考察要点分析见表3-15。

表3-15 能源资源使用管理考察要点分析

序号	指标	考察要点分析
1	能源使用管控	能耗管控措施：数据中心应有明确的能耗统计分析制度，每月进行能耗数据分析；应提供一系列优化调整记录，例如板式换热器切换、空调温度调整、冷冻水供回水温度调整记录等；数据中心应提供对能源信息化管控系统进行检查的记录及实际工作的照片，重点考察系统巡检记录及维护记录，且应包含系统校正的内容
1	能源使用管控	基础设施定期运行维护：根据指标要求，数据中心应提供基础设施定期检查和维护的记录。重点考察运维人员填写的巡检及维护记录中的信息是否完整，巡检及维护项目是否合理
		能源管控目标分解：重点考察数据中心设置的 PUE、WUE 等关键指标目标值；数据中心应建立目标责任制度，组建节能团队，技术与管理专业有相关负责人；应设有节能考核办法，根据考核办法进行绩效奖惩，提供具体的工作方案
		人员素质提升：数据中心应定期对人员进行培训，培训纪要、签到表、培训课件、培训现场照片等相关记录应齐全
		节水制度与执行情况：数据中心应提供明确的节水制度。重点考察用水设备的维护及巡检记录、损坏管件的维修更换记录等证明材料
2	水资源使用管控	用水策略调整及水资源回收利用：数据中心应提供针对自身实际情况制定的用水策略及节水措施，如采用变频用水设备、调整园区灌溉时间、采用雨水收集及水处理系统
		节水制度与执行情况：数据中心应提供明确的节水制度。重点考察对用水设备的维护及巡检记录、损坏管件的维修更换记录等证明材料
3	节能诊断服务	根据指标要求，数据中心应提供开展节能诊断服务的说明及相关报告。重点考察服务开展的时间、地点、内容、机构、技术改造等关键信息
4	第三方评测	根据指标要求，数据中心应提供近两年内第三方机构出具的检测报告关键页。重点考察第三方测试机构的 CNAS、CMA 资质证明材料

④ **设备绿色管理**。在设备绿色管理方面，数据中心应完善电器电子产品有害物质限制使用管理制度，持续提升废弃物管理水平，设备绿色管理考察要点分析见表 3-16。

表3-16 设备绿色管理考察要点分析

序号	指标	考察要点分析
1	电器电子产品有害物质限制使用管理	根据指标要求，数据中心应提供包括客户托管在内的设备有害物质和环保使用期限的标识信息照片；对列入《电器电子产品有害物质限制使用达标管理目录》的产品，应提供在政府网站查询的对应产品制造商的自我声明或相关认证结果的截屏照片
2	废旧电器电子产品处理	根据指标要求，数据中心应提供电器电子产品台账、档案等；对废旧电器电子产品的处理及识别应有相关制度或管理办法保障；重点考察废旧设备再利用是否有相关移交记录、回收合同、回收企业资质等证明材料
3	废弃物处理	根据指标要求，针对可能对环境产生不良影响的废弃物的处理，数据中心应制定相关制度或者管理办法；对废弃物的产生和处理应有完整的记录，包括现场处理照片回收处理单、废弃物出门条等

⑤ **加分项**。在加分项方面，数据中心应积极开展可再生能源应用，加强绿色公共服务支撑能力，加分项考察要点分析见表3-17。

表3-17　加分项考察要点分析

序号	指标	考察要点分析
1	可再生能源电力消纳及绿色电力证书消费	根据指标要求，数据中心应提供连续一年内通过直接购买并应用及在中国绿色电力证书认购交易平台上认购的可再生能源电力电量，以及同期数据中心总耗电量
2	促进行业绿色发展提供公共服务情况	在支持会议方面，应提供会议名称、时间、地点、主题、演讲人和分享内容等信息；在标准制定方面，应提供标准清单等信息

3.2　规划设计管理

3.2.1　工程设计的阶段划分

数据中心工程设计一般可分为方案设计、初步设计和施工图设计3个阶段。

（1）方案设计

数据中心的方案设计主要用于政府规划部门的审批和业主方审查，设计深度应满足政府规划部门的审批要求和业主方需求，并应满足编制初步设计文件的需要。

方案设计阶段应当确定项目的基本方向。首要任务是明确定义数据中心项目的整体目标和需求，包括容量、性能、可用性和安全性等方面的要求。进行初步的概念设计，在方案设计阶段，会开始确定各种关键技术和系统的选型，例如电力系统、冷却系统等，并根据方案进行大致的成本估算，以确定项目的大致投资范围。方案设计一般是在顾问公司、业主方提出的概念设计或招标文件的基础上，结合法律法规、标准规范进行细化后得出的初步方案。

（2）初步设计

初步设计阶段在数据中心工程项目中具有重要作用，它是将概念设计进一步细化，明确各方面设计方案和要求的阶段。

在初步设计阶段，需要明确定义各专业系统的设计方案。初步设计的深度应满足编制施工图设计文件、施工招标文件和主要设备订货的需要。

① **建筑设计细节**。初步设计需要提供建筑平、立、剖面图，以明确建筑的内外部布局，这包括主机房、辅助区、设备房、办公区等各个功能区域的布局。确定建筑的结构和建材，以满足项目的技术和质量要求。

② **工艺流程和人流、物流设计**。确定主机房和辅助区的工艺流程，包括设备放置、布线、冷却空气流动等。考虑人流和物流，确保工作效率和安全，规划和设计通道、通风口、出入口等。

③ **设备参数和选型要求**。明确各类设备的主要参数，例如功率、容量和效率等，这有助于后续的设备采购和配置。确定设备的选型要求，包括品牌、型号和性能等，以满足项目的技术要求和性能指标。

④ **投资概算**。进行初步的成本估算，确定项目的投资概算，这包括建筑成本、设备采购成本、施工成本和设计费用等。投资概算需要与项目预算要求相匹配。

⑤ **设计文档准备**。准备初步设计阶段的设计文档，包括平面图、立面图、工艺流程图、设备参数表和投资概算表等。这些文档将为后续的详细设计和施工图设计提供基础。

（3）施工图设计

施工图设计阶段是数据中心工程项目中的关键阶段，它进一步深化和细化了初步设计，以满足图纸送审、施工招标和设备采购等的需要。施工图设计阶段的深度需要满足项目的具体施工需求，确保项目在实际施工中顺利进行，并满足质量和安全的要求。这一阶段的工作也为后续的施工和项目交付奠定了基础。

① **设计深化**。在施工图设计阶段，各专业需要进一步深化设计，包括增加节点图、管线布置图、设备布局图等详细设计图纸，以及规划电缆、水管、通风管道等的布局和路径，确保设备布局合理、管线通畅，满足维护和维修的需求。设计深化需要编制施工要求说明，包括施工工艺、材料要求、施工标准和安全防护等，考虑具体的工程实施细节，确保施工过程中没有遗漏和问题。

② **施工图预算**。经济专业需要进行施工图预算，包括对工程的成本估算，以制定合理的施工预算，确保施工预算满足项目的预算要求和投资计划。

3.2.2 设计管理目标和中心任务

数据中心项目业主方设计管理是数据中心建设项目过程管理中不可缺少的重要组成部分，是项目建设过程中的关键环节。数据中心项目业主方设计管理的目标是在满足建设项目安全性、可靠性、适用性和经济性等要求的前提下，保障数据中心建设项目的进度、投资和质量三大控制目标的实现。

进度控制：制订并监督设计工作计划，及时发现和解决设计过程中的延误问题，确保项目按照预定的时间表进行，避免不必要的延误和额外成本。协调不同专业领域的工作，以确保各个设计阶段的顺利推进，并协调好设计与施工的过渡阶段工作。

投资控制：进行成本效益分析，在项目投资范围内有效控制建设成本，确保项目的经济可行性，保证项目成本不会超出预算。

质量控制：确保设计方案满足高标准的质量要求，包括设备的可靠性、系统的冗余性和安全性等。确保设计方案符合相关法规、标准和最佳实践，以减少风险和问题。设计管理团队审查和监督设计团队的工作，提供反馈和建议，改进设计，确保其质量和可行性，满足业主方的需求和标准的要求。

3.2.3　设计管理模式与选择

（1）设计管理模式

数据中心的工程设计管理模式可以根据业主方的需求和资源情况选择不同的方式，以下是两种常见的管理模式。

① **建设项目业主直接管理。**在这种管理模式下，数据中心的业主（通常是数据中心运营商或拥有数据中心需求的企业）直接负责项目的工程设计管理。这意味着业主自己承担了项目管理的职责，包括规划、设计、施工、监督和质量控制等。以下是该模式的一些特点。

直接控制：业主具有直接的控制权，可以更灵活地制定项目目标和管理策略。

自主决策：业主可以自主选择设计团队、承包商和供应商，从而更好地满足自己的特定需求。

风险与责任更多：业主需要承担更多的项目风险和责任，包括成本超支、时间延误等。

资源要求高：业主需要具备一定的项目管理能力，才能有效地监督和协调项目。

这种管理模式适用于业主拥有足够的资源和经验，以便独立管理数据中心项目，或者希望保持更多的项目控制权的情况。

② **建设项目业主委托项目管理公司管理。**在这种管理模式下，数据中心的业主将项目管理职责委托给专业的项目管理公司。项目管理公司将负责整个项目的规划、设计、施工和监督，以确保项目按计划完成。以下是该模式的一些特点。

专业管理：业主可以受益于项目管理公司的经验和专业知识，减轻自身的管理负担。

降低风险：项目管理公司负责管理风险和解决问题，从而减少了业主的风险。

时间和成本控制度高：项目管理公司致力于确保项目按时交付并在预算范围内完成。

业主可参与：业主仍然可以参与项目决策，但不需要亲自处理日常项目的管理事务。

这种管理模式适用于业主希望将项目管理任务外包给专业的项目管理公司，以降低风险、提高效率和专注于核心业务的情况。

（2）设计管理模式的选择

工程设计管理模式的选择取决于建设项目业主的工程技术力量和设计管理水平，以及项目的规模和复杂性。一般来说，工程设计管理模式要与建设项目管理模式保持一致。在某些项目中，业主也可以采用混合模式，即业主管理某些方面，同时委托项目管理公司管理其他方面，以充分发挥各自的优势。无论采用哪种模式，最终决策人和最终风险承担人都是建设项目业主。建设项目业主可以根据项目的特点和需要，聘请知名专家进行咨询，为决策提供建议。

3.2.4 设计管理内容

数据中心建设项目业主针对工程设计管理的主要工作是组织设计，即配合和提供设计条件，控制设计规模、工程质量、工期与投资，组织审查和批准设计文件，协调设计外部协作关系和提供外部条件。主要工作内容如下。

① **组织工程设计招标、优选设计单位**。在这一阶段，业主方负责发起设计招标，通过招标程序选择合适的设计单位。明确设计的目标和范围，并与潜在的设计单位协商相关事项。进行评审和比选，最终选择具有相关经验和能力的设计单位完成设计工作。

② **提供勘察设计基础资料和建设协议文件、项目审批文件**。业主方向设计单位提供项目相关的勘察设计基础资料，包括土地信息、地形地貌和地质条件等。提供建设协议文件，明确合同条款和双方的权责。提供项目审批文件，包括环评报告、用地规划许可证等，以确保设计工作在相关法律法规和规范的框架内进行。组织协调勘察单位与设计单位之间，设计单位与材料供应商、设备制造商、施工单位等之间的沟通配合。

③ **促进不同团队之间的有效沟通和协作，确保信息流畅和共享**。协调设计单位与材料供应商、设备制造商之间的需求和交流，以确保所需材料和设备的及时供应。与施工单位协商项目要求和技术细节，以确保施工的顺利进行。

④ **主持研究和审查确认重大设计方案**。业主方主持研究和审查设计团队提出的重大设计方案，例如建筑结构、电力系统和冷却方案等，并进行专业评审，确保设计方案满足项目的技术和性能要求。

⑤ **对于工程设计中提出的采用超出国家现行技术标准的新技术、新工艺、新材料和新设备，组织科研试验和鉴定并主持审查其成果**。支持并审查设计团队提出的采用新技术、

新工艺、新材料和新设备的建议，组织科研试验和鉴定，确保这些创新成果满足项目的性能要求。

⑥ **主持审查设计采用的重要设计标准、建筑物形式与结构体系、重要计算成果**。确保设计团队采用的设计标准符合国家和地方规定。审查建筑物形式与结构体系，确保其适用于项目要求。审查重要计算成果，以验证其准确性和可行性。

⑦ **组织专家进行优化设计评审**。可以组织专家进行优化设计评审，以提高设计方案的效率和性能。优化设计可能涉及能源效率、设备布局和系统配置等方面。

⑧ **组织环境影响评价、水土保持、劳动安全与工业卫生、消防等专题设计的审查与报批，组织办理城市规划主管部门的审批等**。确保项目的环境影响评价符合法律法规和环保标准。进行水土保持、劳动安全与工业卫生、消防等专题设计审查，以确保项目的安全性和合规性。协调并办理城市规划主管部门的审批手续，确保项目获得必要的批准。

⑨ **协调落实外部补充的规划设计条件**。协调与城市规划部门和其他相关部门的沟通，确保项目满足外部规划设计条件。确保项目的设计与城市规划和社会环境相协调。

⑩ **配合设计单位编制设计概（预）算**。与设计单位共同编制项目的设计概（预）算，按规定报送办理建设项目核准或备案手续，按照国家和地方规定，准备并提交建设项目核准或备案所需的文件和资料。

⑪ **组织审查初步设计文件并按有关规定上报，主持审查招标设计和施工图设计文件与图纸**。审查初步设计文件，确保其符合项目要求和规范。主持审查招标设计和施工图设计文件与图纸，确保设计符合标准和规范。

⑫ **控制和审查施工过程中的设计变更**。确保任何施工过程中提出的设计变更都经过合适的审查和控制，确保设计变更不会对项目的质量、进度和成本造成不利影响。

⑬ **组织数据中心项目设计后评价工作**。进行数据中心项目的设计后评价，目的是了解项目的实际表现和性能，以及其是否满足最初的设计目标。

⑭ **做好勘察设计文件和图纸的验收、分发、使用、保管和归档工作**。对完成的勘察设计文件和图纸进行验收，以确保其完整性和质量。分发勘察设计文件和图纸给项目相关单位，例如设计、监理、施工单位等。做好文件和图纸的保管和归档，以备参考和审查。

⑮ **按计划与合同办理勘察设计等费用的支付与结算**。根据计划和合同，及时支付勘察设计等相关费用。进行费用结算时，确保费用的准确性和合规性。

3.2.5 设计阶段的管理

数据中心项目工程设计阶段的管理主要包括项目初步设计管理、项目技术设计管理、项目施工图设计管理、项目科研试验与接口管理、项目施工阶段的设计管理和项目设计文件的接收管理等。在每个阶段，项目管理团队监督和协调各专业领域的设计工作，确保设计的质量、成本和进度目标达到预期。同时，要灵活应对项目的变化和风险，及时采取措施以确保项目的顺利推进。以下是针对不同阶段的管理重点。

（1）项目初步设计管理

在初步设计阶段，要确保项目的基本设计概念和框架满足业主需求和预算要求，确保初步设计的方案符合相关标准。协调不同专业领域的设计工作，确保各专业之间的一致性和协调性。

（2）项目技术设计管理

技术设计阶段的重点是深化设计，明确各专业系统的具体细节和工程参数。确保各专业领域的设计满足高质量和可用性要求。确保技术设计符合相关法律法规和标准，审查设计文件的合规性。

（3）项目施工图设计管理

确保施工图设计的深化满足施工和设备采购的需要。协调设计单位与施工单位之间的沟通，及时解决设计过程中的问题和冲突。确保施工图设计文件的准确性和完整性。

（4）项目科研试验与接口管理

确保科研试验和技术验证工作按计划进行，以评估新技术和新工艺的可行性。管理与外部供应商和合作伙伴的接口，确保项目的协同工作。

（5）项目施工阶段的设计管理

在施工阶段，管理需要确保施工过程中的设计变更受到控制并经过审查。协调设计变更对项目进度和成本的影响，确保项目的质量和进度。确保施工现场与设计文件的一致性，及时解决设计问题。

（6）项目设计文件的接收管理

确保项目设计文件的接收满足标准与合同要求。对接收的设计文件进行验收和审查，确保其准确性和完整性。做好设计文件的分发、使用、保管和归档工作，以备参考和审查。

3.2.6 设计过程的管理

（1）设计过程管理的目的和主要控制点

工程设计过程管理的目的是控制设计质量，即在保证设计工作进度的条件下，向业主方提交符合设计标准的、适宜的、便于实施的、能满足使用功能与效益的设计成果。

工程设计质量形成过程也是建设项目的使用特征、功能和效益的形成过程，影响设计质量的因素既有设计单位的内部原因，也有外部协助的原因，设计管理的主要控制点包括以下3个环节。

① **设计条件、设计大纲及工作内容**：确定项目的设计条件，包括土地利用、环境影响和规划要求等。制定清晰的设计大纲，明确项目的范围、目标和要求。管理项目设计的工作内容，确保各项设计任务的合理分配和执行。

② **设计方案**：控制设计方案的制定过程，确保其满足项目的技术和功能要求。进行设计方案评审，以获取反馈和改进方案。确保方案考虑了不同的技术选择及其产生的成本效益。

③ **设计成果**：对设计成果进行严格的质量控制，确保设计文件的准确性和完整性。进行设计成果的审查和验证，以确保其符合法律法规和标准。管理设计文件的版本控制，确保所有参与者使用的都是最新版本的文件。

（2）设计质量控制要点

工程设计质量控制是确保工程项目从设计到实施全过程符合质量标准的重要环节。设计管理控制的具体要点如下。

① **设计前控制**。在设计前，确保提供准确的设计条件和设计大纲，包括项目的范围、目标和要求等。确保设计团队充分了解项目的背景和特点，以便制定合适的设计策略。

② **设计方案论证和审查**。在设计方案阶段进行方案的论证和审查，确保选定的方案满足项目的技术和功能要求，并进行多方案比较和经济性分析，以选择最合适的设计方案。

③ **设计工作质量检查**。在设计工作过程中，定期检查设计质量，确保设计质量。检查设计文件的准确性、完整性和合规性，确保其符合标准要求。

④ **设计成果评审**。对设计成果进行评审，主要核查其功能性、可信性、安全性、可实施性、适应性、经济性和时间性等质量特征，确定其是否满足项目的要求，确保设计文件的质量符合项目的技术和性能标准。

（3）设计进度控制要点

控制工程设计进度的目的是要求设计单位保质保量，按时间要求提供各阶段的设计文件，控制要点具体如下。

① **勘察设计工作计划的编制**。

● 明确目标和要求：首先需要明确项目的设计目标、技术要求和质量标准。

- 制定工作分解结构（Work Breakdown Structure，WBS）：将整个设计工作分解成可管理的各个小任务，确定每个任务的工作内容、时间和资源需求。
- 制定时间表：基于 WBS 制定详细的时间表，包括每个任务的开始时间、结束时间和里程碑日期等。
- 资源分配：确定每个任务所需的资源，包括人力、物资和设备等，并分配给相关团队的成员。
- 风险评估：评估潜在的风险和问题，并在计划中考虑风险的缓解措施。

② **勘察设计工作进度计划的执行检查。**

- 监督与报告：确保项目团队按照工作计划执行任务，并定期报告进展情况。
- 里程碑控制：关注项目的重要里程碑，确保它们按计划实现，并根据需要进行调整。
- 资源管理：跟踪资源的使用情况，确保它们按计划得到分配和利用，避免资源短缺或浪费。
- 问题识别和解决：及时识别和解决可能影响进度的问题，以避免造成进一步延误。

③ **工程设计进度的协调与管理措施。**

- 协调不同团队：数据中心设计通常涉及多个专业领域，例如电力、冷却和网络等，需要协调不同团队之间的工作，确保他们之间的信息畅通。
- 变更管理：变更可能会对进度产生不利影响。实施变更管理程序，确保变更通过审批，同时评估其对进度的影响并采取必要的措施。
- 沟通渠道与沟通计划：建立有效的沟通渠道，确保项目团队之间的信息传递和共享顺畅。制订沟通计划，包括会议、报告和进度更新等。

（4）设计投资控制要点

工程设计投资控制的中心任务就是采取预控措施，建立有效的项目管理体系，包括预算监控、进度控制和资源分配，定期审查项目的进展情况，及时发现和解决潜在的成本超支问题。在设计满足质量和使用功能要求的前提下，有效控制投资额，主要的控制方法如下。

- 推广标准设计：使用标准化的设计方案和模块化的组件，可以降低设计和施工的成本。推广标准设计可以减少定制化设计的需求，从而降低投资成本。
- 限额设计：设置设计的成本限额，确保设计团队在限额内完成设计工作。这可以促使设计团队在保证质量的前提下寻找经济高效的解决方案。
- 多方案技术经济比较：在设计过程中，可以制定多个设计方案，进行技术经济比较，确定最优方案，最大限度地满足需求并降低成本。

- 严格的变更管理：对于任何设计变更，确保采取严格的变更管理程序。变更可能导致项目产生额外成本，因此需要审查和批准变更，并评估其对项目预算的影响。

3.3 数据中心主要技术指引

3.3.1 基本要求

数据中心的建设应从适用的建筑形式、先进的技术类型、节能高效的设备（产品）选型、适度领先的自动化和智能化程度、规范的设备配置标准和适当的冗余度、基于运营要求的同时系数和需用系数、系统科学的设备间匹配关系、经济合理的阶段性建设规模、良好有序的工程衔接等方面综合考量，确定最终的建设方案。

（1）建筑形式

在建设数据中心时，根据数据中心的规模、性能需求、建设进度要求和环境特点等因素进行权衡。建筑形式不仅要提供稳定的基础设施支持，还应该满足未来扩展的需求，确保数据中心在建设效率、可维护性和成本控制方面取得最佳平衡。

（2）分等级差异化配置

数据中心电源空调设备的容量、数量和等级等配置结合机房内不同等级的负荷，按照机房（负荷）分级标准划小和归类，并综合考虑业务冗余、经济效益、合同约定和服务等级协定（Service Level Agreement，SLA），确定建设等级，差异化地配置相应等级的供电和供冷资源。

（3）设备容量计算

充分考虑设备装机率、实际运行负载率和业务负荷错峰等因素，设计合理的同时系数和需用系数，避免过度冗余造成的配置浪费。对于按设备额定功率进行负荷管控的，设计需用系数时可适当取低；相反，对于按设备实际功率进行负荷管控的，设计需用系数时可适当取高。对于近期负荷功率密度较低而远期存在较大提升可能的情况，可按远期负荷功率密度进行整体的系数选取和规划，并按近期负荷功率密度进行分期建设，预留发展的空间和条件。

（4）设备间关联匹配

相关联的机房电源空调设备及器件要注重彼此的负荷、容量匹配性，设计合理的保护逻辑，在确保运行安全的前提下提升和优化设备的负载率；同时应选用具有延时启动功能的电源空调设备和具有延时合闸功能的配电断路器，设置合理的延时值，有效错峰，减少电力峰值叠加对电缆、断路器及电源设备的负荷冲击。

（5）自动化和智能化

数据中心基础设施应结合运行维护管理的需要，尽可能地提升其自动化和智能化程度，并注重其系统性、综合性能力的提升，同时与动环系统、DCIM[1] 系统、BA[2] 系统等做好匹配和衔接，避免出现"短板"或"长板"，以及"有智无能"或"高能低用"的情况。

3.3.2 建筑形式

（1）技术综述

目前，国内新建数据中心的建设主要集中在工业用地上，并且按照丙类厂房的标准进行规划和建设。在土地资源相对丰富的地区，数据中心通常采用一层或二层的混凝土结构或钢结构厂房作为主要的建筑结构。混凝土结构建筑具有稳定、耐久的特点，适用于定制性要求较高的场景；钢结构建筑则以强度和轻量化为特点，支持快速建设和项目的可回收性。

在土地资源相对稀缺的地区，数据中心的建筑形式有所不同。为了适应这些地区的有限空间，多层建筑成为一种常见的选择。多层建筑可充分利用垂直空间，提高土地利用率。此外，在一些土地资源较为紧张的地区，高层建筑也成为一种有效的解决方案。

除了以上两种主要的数据中心建筑形式，还有一些其他的形式也得到了应用。例如，集装箱堆叠式数据中心是一种经济高效的解决方案，通过将多个集装箱堆叠在一起形成一个整体，实现土地资源相对稀缺地区数据中心对于空间的需求，适用于对建设周期要求极高的业务。仓储式数据中心则是一种基于仓库空间的数据中心设计理念，通过将数据中心与仓库空间相结合，实现空间的多功能利用，提供大空间和成本效益。装配式数据中心则借助工业化生产提高效率，同时具备可定制性和可拆卸性。在实际应用中，数据中心的建筑形式应当根据土地资源、业务需求和技术条件等因素综合考虑。

1　DCIM（Data Center Infrastructure Management，数据中心基础设施管理）。
2　BA（Building Automation，楼宇自动化）。

（2）建筑形式的分类与选择

① **混凝土建筑数据中心**。

混凝土建筑具备耐久性和稳定性，在正常使用条件下不需要频繁地保养和维修。混凝土具有强大的耐火性能，能够在火灾等紧急情况下有效保护建筑物的结构安全。此外，与钢结构建筑相比，混凝土建筑的造价更为经济合理，使其在各类建筑项目中具有较高的性价比。然而，混凝土建筑的施工周期相对较长，这是因为混凝土的硬化过程需要较长的时间，而且施工过程中需要进行多次浇筑和养护。混凝土建筑数据中心如图3-3所示。

图3-3 混凝土建筑数据中心

以内蒙古某数据中心为例，这座数据中心的占地面积达到100.60万平方米，是目前亚洲最大的云数据中心。为了确保数据中心的稳定运行和长期可靠，该数据中心全部采用混凝土建筑形式。这种建筑形式不仅能够满足数据中心对于高密度、高效能的需求，还能够为其提供良好的抗震性能。同时，混凝土建筑的低维护成本也有助于该数据中心在运营过程中降低能耗和维护费用。

混凝土建筑凭借其卓越的耐久性、耐火性能和经济性等特点，在各类建筑项目中得到了广泛的应用。尤其是在数据中心等对安全性和稳定性要求较高的领域，混凝土建筑成为首选。随着科技的发展和人们对可持续建筑的重视，混凝土建筑在未来将会发挥更加重要的作用。

② **钢结构建筑数据中心**。

钢材作为一种建筑材料，具有诸多优点：首先，钢材的强度大、强重比大，这意味着钢材在承受重量和抗压能力方面表现出色；其次，钢材的塑性和韧性较好，能够适应一定程度的变形和冲击，从而提高了建筑物的整体稳定性和抗震性能；最后，钢材的施工周期相对较短，对于需求紧急或时间紧迫的项目来说具有很大的优势。钢结构建筑数据中心如图 3-4 所示。

图 3-4　钢结构建筑数据中心

然而，钢材也存在一些缺点。它不耐热且不耐火，这使得在高温环境下使用钢结构建筑存在安全隐患。另外，钢材容易锈蚀，特别是在潮湿环境中，需要定期进行维护保养以延长使用寿命。同时，钢结构建筑的造价比混凝土建筑高，这可能会增加项目的总成本。

尽管存在以上缺点，但在土地资源相对丰富的地区，钢结构建筑仍然具有一定的竞争力。例如，在河北某云数据中心项目中，该数据中心占地面积约 13.3 万平方米，配置 2000 台 IT 机柜，已全部交付运营。为了缩短交付周期，该项目采用了二层钢结构建筑形式。这种形式的钢结构建筑与混凝土建筑相比，在一层或二层的规模下，造价基本持平。同时，钢结构建筑施工周期较短的优势得以充分发挥，数据中心能够更快地投入使用，满足了项目的需求。

钢材作为一种建筑材料，虽然存在一些不足之处，但在土地资源相对丰富的地区，通过合理的设计和应用，仍然可以实现高效的建设和快速的交付。因此，在实际工程中，应根据项目的具体需求和条件，综合考虑各种因素，选择最合适的建筑形式。

③ **其他建筑形式数据中心。**

数据中心的建筑形式多种多样，除了传统的混凝土建筑和钢结构建筑，还有许多其他创新的设计方式。其中，集装箱堆叠式数据中心和仓储式数据中心是两种非常独特的建筑形式，其他建筑形式数据中心如图 3-5 所示。

图 3-5　其他建筑形式数据中心

集装箱堆叠式数据中心采用了模块化的设计理念，将商用标准集装箱作为数据中心的主要承载体。这种设计方式具有很多优势：首先，产品部署周期短，集装箱本身就是预先制造好的标准化产品，因此可以直接进行组合和拼接；其次，因为不需要进行大量的现场施工，节省了大量的人力和物力资源；最后，集装箱堆叠式数据中心还具有良好的应急性，可以在短时间内迅速搭建起来，满足数据中心在紧急情况下的需求。

与集装箱堆叠式数据中心不同，仓储式数据中心则采用了更加集成化的设计方案。在仓储式数据中心中，机柜、空调、给排水、配电、消防、告警、安防、配线和监控等部件都是预先设计好的一体化组件。这些组件在出厂前就已经完成预制，因此现场安装过程非常简单。用户只需要接通外部电源和冷源、固定箱体，即可开始使用。这种设计方式使得仓储式数据中心具有功能标准化、建设周期短和可快速交付等特点。

数据中心的建筑形式多种多样，不同的设计方式都有其独特的优势和适用场景。无论是集装箱堆叠式数据中心还是仓储式数据中心，都在为满足不断增长的数据处理需求提供有效的解决方案。随着科技的不断进步和发展，未来数据中心的设计方式和建筑形式还将会有更多的创新和突破。

④ **数据中心建筑装配化。**

目前，比较明显的趋势是数据中心建筑装配化。装配式建筑符合建筑业产业现代化、智能化和绿色化的发展方向，近几年，一系列政策的颁布加快了我国装配式建筑行业的发展，装配式建筑规模也随之快速发展。2016年是我国装配式建筑开局之年，《国务院办公厅关于大力发展装配式建筑的指导意见》明确提出，推动建造方式创新，大力发展装配式混凝土建筑和钢结构建筑。2022年4月，《国务院办公厅关于进一步释放消费潜力促进消费持续恢复的意见》指出，推动绿色建筑规模化发展，大力发展装配式建筑。

此外，多个地区对于数据中心采用装配式建筑出台了相应的政策，其中在东部地区的应用较为突出。北京要求数据中心建筑面积大于5000平方米的需要按照装配式建筑实施；上海要求数据中心项目各幢建筑面积总和大于10000平方米的需要按照装配式建筑实施；海南要求数据中心需要按照装配式建筑实施；其他地区虽未对新建（数据中心）项目提出强制性采用装配式建筑的要求，但处于逐步推广期。

"东数西算"工程进一步推动了装配式建筑的发展。全国"东数西算"工程的实施，对绿色数据中心提出了更明确的要求，数据中心建设区域更加集中，使得装配式工厂能够面向数据中心集群提供标准化的设计和制造，能够极大地降低生产和物流成本，装配式数据中心未来将得到更加广泛的应用。

3.3.3 电源技术

（1）技术综述

电源系统的总体发展趋势是高压化、集成化和云池化。高压化促进了电源系统的损耗降低、用材减少和保护简化；集成化使得电源系统设备规模下降、容量密度提升、工程工艺简便（例如密集母线系统、10kV输入的240V直流电源、电力模块等）；云池化则依托设备的自动化、智能化能力和标准化、模块化结构，使电源系统能够实现分期投运、按需供应、软件定义、弹性调配（例如，10kV油机并机系统、分布式电源系统组成的直流微电网、开关电源的模块动态休眠技术等），以及"软件定义电源"的"云能力池"。

电源系统的技术特点如下：一是提高可靠性和可维护性，降低故障率，缩短故障修复时间；二是不断提高集成度，提升能量密度，缩减尺寸；三是持续提升工作效率，优化输入输出电气指标，减少自身损耗，并且避免给上下游设备增加负担；四是结合系统规模及运行维护需求，不断提高自动化和智能化程度。

随着一些特定需求和应用场景的规模建设，也催生了一些"跨界"的电源产品，丰富了产品形式，提升了节能性、安全性和性价比。例如，机柜电源融合了不间断电源、PDU 和服务器电源的功能，机柜式磷酸铁锂电池组集成了火灾监测和自动灭火系统。

（2）设备分类与技术选择

机房电源系统总体上可分为变配电子系统、后备发电子系统、不间断电源子系统和终端配电子系统 4 个部分。数据中心 2N 系统供电架构如图 3-6 所示。

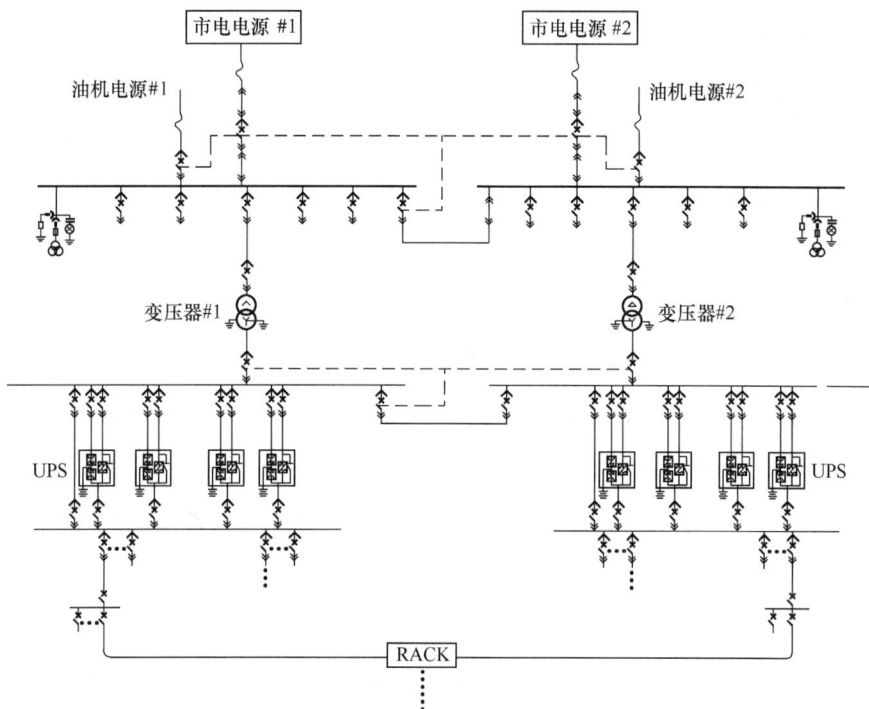

图 3-6 数据中心 2N 系统供电架构

① 变配电子系统。

10kV 配电设备选用自动化程度高的中置式开关柜（1250kVA 以下的可选用环网柜），根据远期负荷需求确定进线总开关及母线规格，并根据规划预留高压出线柜或设备扩容位置。有双路市电引入的宜设置备用市电电源自动投入（备自投）装置。开关柜设置综合继电保护装置。当机楼或园区内有多套 10kV 配电系统时，宜设置集中监控系统进行统一管理和调度。当需要进行负载远程调度时，断路器应配置自动合闸功能。

初级电压在 35kV 及以下的室内型变压器应采用干式变压器，选择高能效的产品。在市电较稳定的地区一般不建议配置有载调压装置。运行时，根据系统的配置方式（例如 N+1）合理控制负载，使变压器尽可能在最佳能效区工作。

低压配电系统应根据负载情况设置无功功率补偿装置，使系统功率因数达到 0.95 以上。对于负载侧采用市电直供技术的，低压配电系统宜根据负载谐波的状况选配静止无功发生器（Static Var Generator，SVG）或有源滤波器（Active Power Filter，APF）等设备，或预留相关设备的安装位置和电力接口。对于采用 10kV 变频冷水机组等大型 10kV 非线性负载的，应根据负载谐波的情况选配 10kV 滤波装置。

双电源自动转换开关电器（Automatic Transfer Switching Equipment，ATSE）根据后备发电机组的配置类型选择 10kV 或低压规格。

② 后备发电子系统。

固定式发电机组选用以柴油为燃料，具备快速自动启动、自动投切、自动补给、智能监控及三遥功能的自动化机组；当总负荷在 8000kW 及以上，且油机供电距离较远或主机房较分散时，宜采用高压（10kV）发电机组。当建筑条件不能支撑设备安装时，需要配置室外箱式机组。

车载移动式发电机组应选用柴油发电机组，单机容量宜为 15～800kW；当单机容量需要超过 1000kW 时，在经济评价可行的情况下，可选用以柴油为燃料的燃气轮机发电机组。

当建筑或园区有充裕场地且日照条件较好或风力较为稳定时，宜配置光伏发电系统或风力发电系统作为绿色补充电源。可采用无储能的直流侧并网型光伏（风电）系统，并联在直流系统输出端向负载优先供电，简化系统配置；也可根据规模、场地的条件及当地的政策情况配置储能电池，或采用交流侧并网型光伏（风电）系统。

柴油发电机应做好降噪处理，并尽可能减少降噪带来的功率损失。在污染敏感地区应加装黑烟治理装置，并优先过滤机组启动阶段产生的黑烟。

③ 不间断电源子系统。

不间断电源子系统可采用 UPS 或 240V 直流电源；市电稳定地区可采用一路市电直供 + 一路不间断电源系统的形式。采用高倍率铅酸蓄电池或锂电池作为储能元件。分布式电源系统应采用带有电池管理系统（Battery Management System，BMS）和自动灭火功能的机架式磷酸铁锂电池组件。

数据中心可根据场地条件配置交流侧集中型蓄电池储能系统，可以实现削峰填谷的功能。

④ 终端配电子系统。

终端配电子系统的层级应尽量少，低压交流配电层级不宜多于 4 级，直流配电层级不宜多于 3 级，其中 240V 直流系统优选 2 级配电方式。

在机柜负荷不均衡且难以预期时，可采用智能配电母线进行机柜配电，取代列头柜。

在机柜内设备数量和规格不统一且难以预估时，宜采用弹性可扩展 PDU 产品，减少后期改造的费用。

当采用机柜式电源（例如整装服务器机柜）时，宜直接输出直流 12V 或 48V 等设备主板工作电源，此时柜内服务器等主设备可不再配置电源模块。

（3）一体化电力系统

近年来，随着我国数据中心规模的不断扩大，在节能降耗及"双碳"目标的形势下，数据中心也涌现出了集成度更高、系统节能性更优的电源系统。此类电源系统被统称为一体化电力系统，根据末端输出形式分为直流输出一体化电力系统和交流输出一体化电力系统。这些一体化电力系统采用工厂内预制、现场柜间铜排拼装的方式，能够快速部署，减少配电级数，提升能效。

直流输出一体化电力系统（例如巴拿马电源），集成了传统变配电、HVDC 的功能，系统采用 10kV 交流输入，240V 直流不间断电源输出，与传统供电系统架构相比，该供电链路中的开关器件大幅减少，更加简洁高效，成本更低，其整体效率可达 97%。直流输出一体化电力系统如图 3-7 所示。

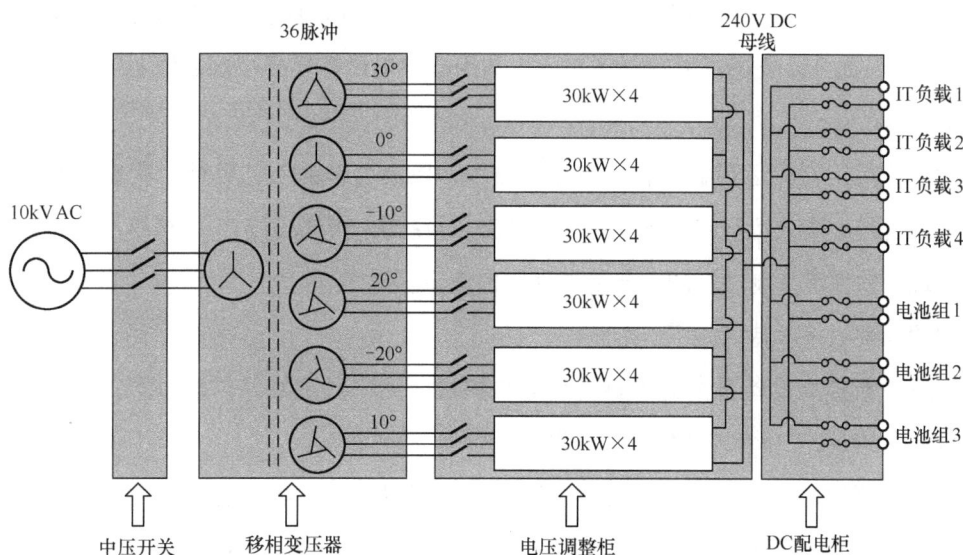

图 3-7　直流输出一体化电力系统

对应直流输出一体化电力系统，目前行业内也同样存在交流输出一体化电力系统。其功能是集成了中压隔离、变压器、补偿（如有）、UPS 主机和配电单元等设备，系统采用 10kV 输入，400V 交流不间断电源输出。该系统具备与直流输出一体化电力系统同样的优势，同时当 UPS 主机采用节能模式（ECO）时，整体电力模块的效率可达 98%。

3.3.4 空调技术

（1）技术综述

空调系统的总体发展趋势是场景化、全程化、综合化和数配化。

场景化是指空调系统的方案设计、技术选择及设备配置与具体应用场景（包括地理位置、建筑形式、负载特性和管理模式等）关系密切，在趋向标准化的同时仍呈现出个性化与多样化；设备技术的发展需要更多地考虑适用场景及系统配套方案，单一的空调技术并不能反映系统整体运行的质量优劣与能效水平。

全程化是指空调技术的发展越来越多地考虑空调系统的全程、整体优化设计和协同配合，包括冷源系统、末端系统和机柜微环境等各个部分，也包含散热、制冷、输配、送风和电气等各环节，避免出现"短板"或"长板"；同时，有的空调技术本身也突破了暖通专业的范畴，逐渐向机柜、主设备侧拓展（例如液冷技术、主设备自带制冷元件等）。

综合化是指空调系统特别注重通过能源综合利用来提高系统运行的经济性，包括对自然冷源、新风、太阳能和地热等新能源的利用，以及热力运用、余热回收和梯级利用等方案设计；此外，还通过蓄冷储能技术，利用峰谷电价差实现"削峰填谷"运行，降低能源的费用。

数配化是指充分运用数字化、智能化技术，以及合理的工艺设计，实现设备之间良好的协同运行、高效运行和自动运行；同时使空调系统能够按需制冷、精确配送和动态适应，实现"软件定义制冷"的"云能力池"的效果。

空调系统的技术特点如下。

一是不断提高设备自身的可靠性和可维护性，优化系统的保护能力、冗余能力和应急处置能力的设计，降低故障率和故障修复时间。

二是全面提升设备与系统的运行效率，最大限度地提高各类自然冷源的利用率，配合维护管理要求进行优化设计（例如升温运行），全方位地降低系统的能耗（常规或特定场景下）。

三是扬长避短、求同存异，在场景多样化、产品类型多样化的同时尽量实现型式标准化，简化和优化工程设计，提高可维护性。

四是密切关注实际应用场景的需求，加强软硬件的协同研发，不断提高设备的自动化和智能化程度。

（2）设备分类与技术选择

根据冷源是否集中以及系统结构形态的差异，空调系统通常可分为集中冷源式空调系统和分散冷源式空调系统，也有介于两者之间的半集中冷源式空调系统和小集中冷源式空调系统。其中，集中冷源式空调系统和半集中冷源式空调系统通常可分为冷源系统和末端系统两大部分；分散冷源式空调系统和小集中冷源式空调系统通常可笼统地分为室外机和室内机两部分。

① 空调系统形式选择。

集中冷源式空调系统是指采用集中机械制冷方式制取"冷量"，再通过冷媒（通常为水）输配到各空调末端的释冷设备，对各机房主设备进行冷却的大型空调系统形式。通常，冷源系统和末端系统可以选用不同类型的设备，灵活搭配，典型的冷源系统包括水冷冷冻水系统和风冷冷冻水系统等。集中冷源式空调系统适用于大型、超大型数据中心。

分散冷源式空调系统（设备）是指制冷单元小型化并与释冷单元一一对应（甚至完全一体）的空调设备形式。典型的分散冷源式空调系统（设备）包括风冷直膨式空调、风冷压缩＋氟泵式空调等，无制冷单元的风冷热管式空调、智能新风节能系统等也可归入此类。分散冷源式空调系统适用于中小型数据中心。

半集中冷源式空调系统是指采用了集中式冷却设备（例如冷却塔），通过冷却水系统或其他介质为分散式制冷设备（末端）提供散热条件的空调形式，典型的如集中冷却水系统＋分散水冷直膨式空调设备。该形式适用于建筑结构较紧凑的中型／大型数据中心，在改造项目中应用较多。

小集中冷源式空调系统又称多联式空调系统，是通过集中制冷单元（通常为室外机）制取"冷量"后，再通过冷媒（通常为氟利昂）输配到各空调末端释冷设备，对机房主设备进行冷却的空调系统形式，系统容量规模介于集中冷源式空调系统和分散冷源式空调系统之间。典型的如多联式热管空调系统、可变制冷剂流量（Variable Refrigerant Volume，VRV）多联机系统等。该形式的产品技术迭代较快，灵活性强，可适应多种场景，通常适用于中小型数据中心。

除此之外，还有双冷源复合式空调系统等多种组合产品形式，可适用于特定的应用场景。基于冷冻水或冷却水的集中（半集中）冷源式空调系统组合模型如图 3-8 所示，无集中冷冻水（冷却水）的分散（小集中）冷源式空调系统组合模型如图 3-9 所示，兼具集中／分散冷源式之长的双冷源复合式空调系统组合模型如图 3-10 所示。

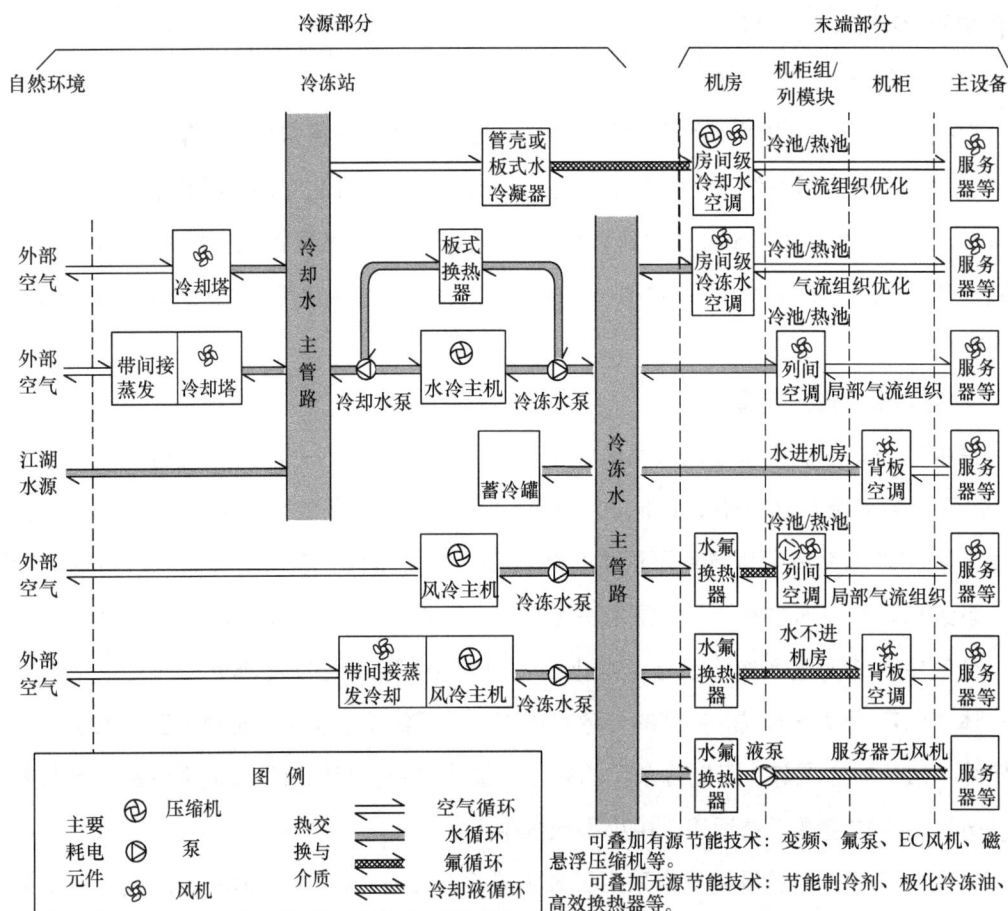

图 3-8　基于冷冻水或冷却水的集中（半集中）冷源式空调系统组合模型

② 冷源系统及设备的选择。

集中冷源式空调系统的冷源系统在水资源较丰富的地区优先选择水冷冷冻水系统，这也是当前应用最多、最成熟的形式之一；在水资源较紧张以及易结冰的地区（通常在北方），或对 WUE 控制较严格的地区，可采用风冷冷冻水系统。建议配置适当容量的板式换热器，以充分利用寒冷及过渡季节的自然冷源。建议采用高水温（15℃ /21℃及以上）、大温差（6℃及以上）设计，以增加自然冷源的使用时长，降低冷机与水泵的能耗。此外，制冷主机可选用磁悬浮机组，其部分负荷能效比更高（通常在主机 $N+X$ 配置时，其中的 X 采用磁悬浮机组，以充分发挥其部分负荷的优势）。

在气候较干燥的地区，可采用间接蒸发冷却机组（模块），充分利用自然温差和潜热制冷。在空气质量较好的冬冷地区及温和地区可采用智能新风节能系统，并配以直接蒸发冷却技术，延长利用自然冷源的时长。冬冷地区及温和地区也可采用多联式热管系统，在充分利用自然冷源的同时避免了空气处理，减少了设备配置和空间占用。在自然水资源便利的沿江湖和沿海等地区，可采用自然水源直接（换热）冷却或采用水源热泵系统以降低制冷成本。

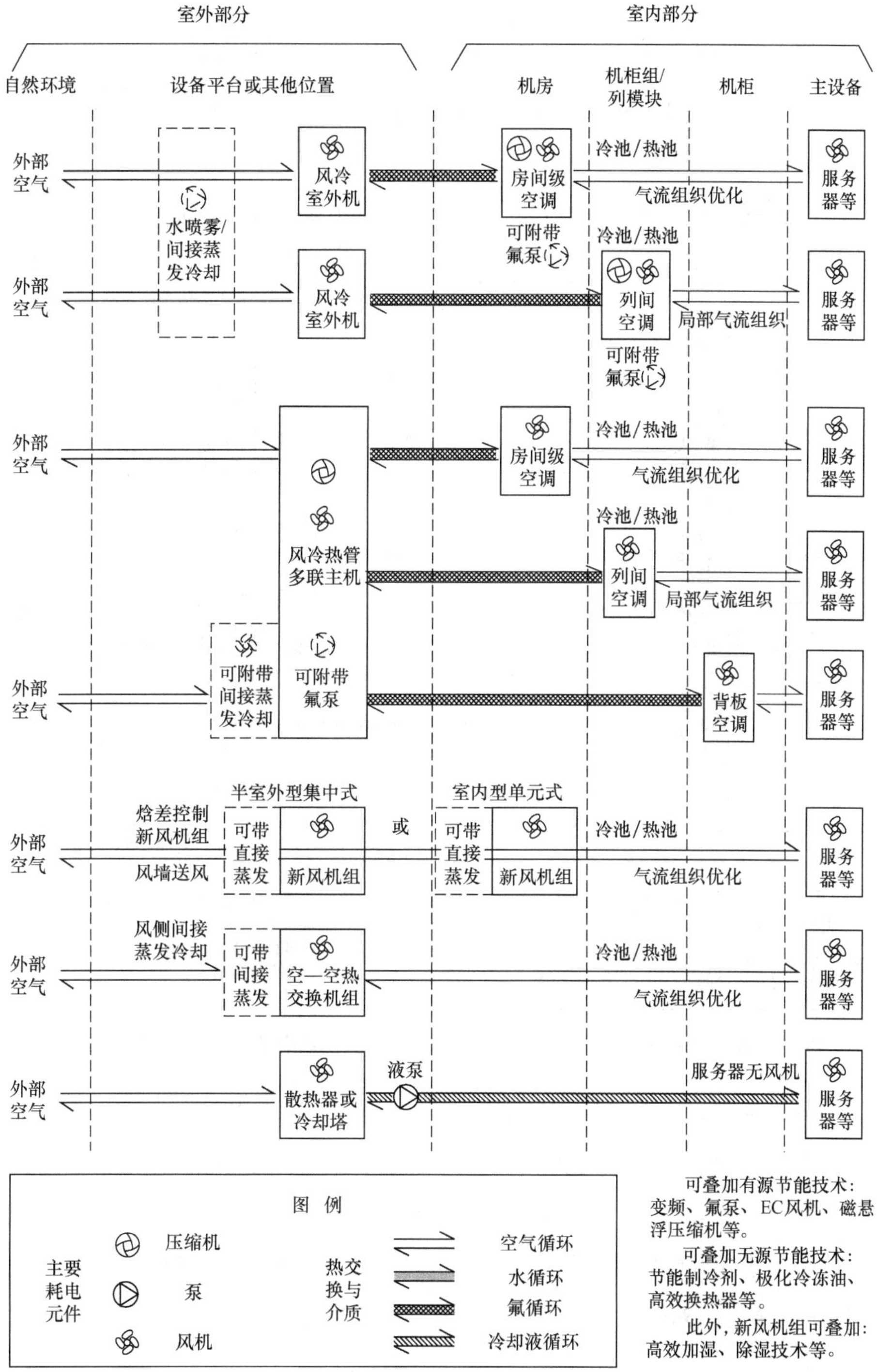

室外部分　室内部分

自然环境　设备平台或其他位置　机房　机柜组/列模块　机柜　主设备

外部空气　水喷雾/间接蒸发冷却　风冷室外机　房间级空调　冷池/热池　气流组织优化　服务器等

可附带氟泵

外部空气　风冷室外机　列间空调　冷池/热池　局部气流组织　服务器等

可附带氟泵

外部空气　风冷热管多联主机　房间级空调　冷池/热池　气流组织优化　服务器等

可附带间接蒸发冷却　可附带氟泵　列间空调　冷池/热池　局部气流组织　服务器等

背板空调　服务器等

半室外型集中式　室内型单元式

焓差控制新风机组　可带直接蒸发　新风机组　或　可带直接蒸发　新风机组　冷池/热池　气流组织优化　服务器等

风墙送风

风侧间接蒸发冷却　可带间接蒸发　空—空热交换机组　冷池/热池　气流组织优化　服务器等

外部空气　散热器或冷却塔　液泵　服务器无风机　服务器等

图例

主要耗电元件：压缩机　泵　风机

热交换与介质：空气循环　水循环　氟循环　冷却液循环

可叠加有源节能技术：变频、氟泵、EC风机、磁悬浮压缩机等。

可叠加无源节能技术：节能制冷剂、极化冷冻油、高效换热器等。

此外，新风机组可叠加：高效加湿、除湿技术等。

图 3-9　无集中冷冻水（冷却水）的分散（小集中）冷源式空调系统组合模型

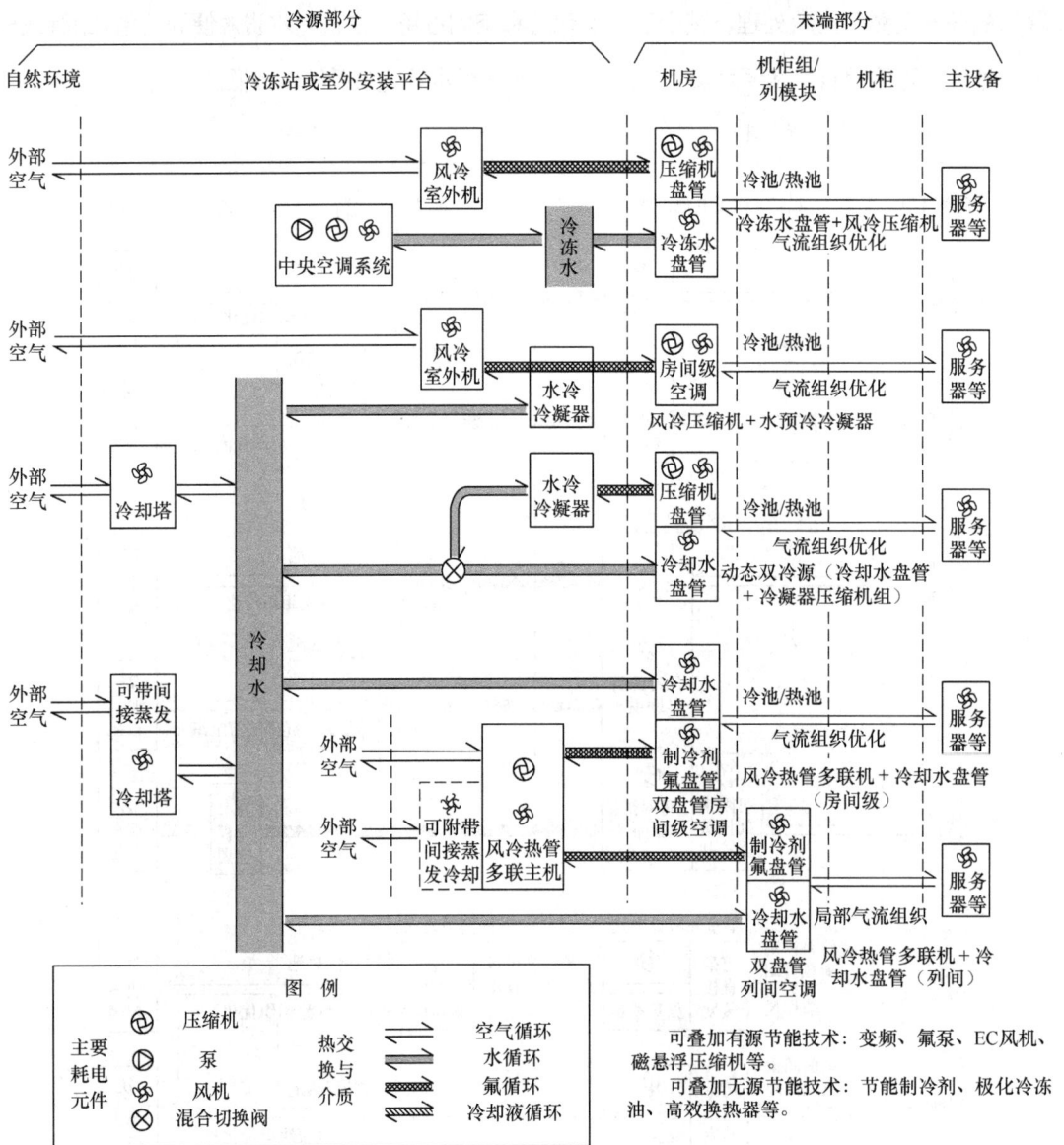

图 3-10　兼具集中 / 分散冷源式之长的双冷源复合式空调系统组合模型

在区域内有丰富的余热（例如工业废热水、废蒸气）、余冷（例如 PNG 站[1] 释冷），以及清洁一次能源（例如天然气）等供应时，可分别采用溴化锂吸收式系统、热交换系统和冷热电三联供系统等形式，降低能源成本和碳排放。

对于峰谷差价较大的地区，可适当配置调峰蓄冷的装置，或充分运用蓄冷罐进行"充放冷"，以削峰填谷。对于有办公或生活采暖需求的机楼或园区，宜配置余热回收系统，

1　PNG 站指管道天然气站。

充分利用机房的废热。

③ **末端设备的选择。**

机房空调（末端设备）的形式主要有房间级空调、行列级空调（列间空调、顶置空调等）和机柜级空调（热管背板、水冷背板、嵌入式空调等）。目前，技术较成熟、应用较广泛的主要是柜式房间级空调、列间空调和热管背板空调3种。

房间级空调结合冷池（热池）技术，工艺成熟、设备集中、维护便捷，适用于设备形式较统一、功率较均匀、整体热密度不高（单机柜平均功率 ≤ 6kW）的常规机房。

列间空调结合冷池（热池）技术，多采用氟盘管类型，与集中冷冻（冷却）水系统的水氟转换单元或热管多联室外机组配合，适用于设备形式较统一、整体热密度较高（单机柜平均功率 ≥ 5kW）的数据中心机房。

热管背板空调亦多采用氟盘管类型，与集中冷冻（冷却）水系统的水氟转换单元或热管多联室外机组配合，适用于设备形式较统一、整体热密度较高（单机柜平均功率 ≥ 6kW）的数据中心机房。

此外，针对高功率密度（单机柜平均功率 ≥ 8kW）数据中心机房，可积极试点液冷技术，包括浸没式、冷板式和喷淋式等技术形式，显著提高末端主设备的换热效率，降低机房空调的能耗。

④ **空调节能技术路径的选择。**

空调节能技术路径主要有以下4种。

- 运用卡诺循环或逆卡诺循环等热力学原理，通常用氟利昂作为制冷剂的方法，简称"热力法"。包括采用机械制冷的各类传统房间级、列间等空调设备，动力输冷的氟泵空调设备，以及完全依靠重力—热力循环的热管空调等设备。

- 以室外空气作为冷源，利用温差或焓差原理进行换热，通常借助水进行冷热交换和输送的方法，简称"风水法"。包括采用全热交换的纯新风系统，显热交换的单相液冷系统，潜热交换的湿膜新风系统、直接蒸发冷却系统和常规冷却塔＋板换形式，以及复合潜热（露点温度段）交换的间接蒸发冷却系统等。

- 以江河、湖泊或地下水等自然水体作为冷源，采用管路输送，直接或间接向机房提供冷量的方法，简称"江湖法"。例如，采用纯热交换的自然水源直接板换冷却系统，以及带辅助机械制冷的地源热泵系统、水源热泵系统等。

- 利用工业生产排放的废能（余热、余冷）为空调设备提供热动力，或直接向机房提供冷量的方法，简称"拾遗法"。例如，利用工业废热（蒸气、热水）的溴化锂吸收式机组，利用工业废冷（PNG 站释冷）直接换热制取冷水的热交换系统，以及自产余热利用的天然气冷热电三联供系统、机房余热回收（采暖、热水）系统等。

3.3.5　智能控制技术

（1）技术综述

电源空调智能控制技术是通过电源空调设备自身的智能控制单元（模块）来实现自我管理，并借助外部的控制系统（例如空调群控、动环监控等）来实现协同管理。其主要目的是协助维护管理人员优化设备运行的状态，提升管理的质量，解决人力所难以解决的问题，主要体现在以下 5 个方面。

① **提升设备和系统运行的稳定性和可靠性**。通过设备自身的智能控制单元以及外部控制系统，协同各设备、各部件良好配合、稳定工作，运用诊断与容错技术自动处置运行过程中的预期异常状况，实现持续、稳定和可靠的供电及供冷。

② **提高设备运行的能效和经济性**。通过实时监测、智能分析、负反馈及自动调控等技术，不断优化调整设备的运行状态、参数或数量，在保证安全的情况下最大限度地减少不必要的能力输出，降低运行损耗，提高电源空调设备运行的经济性。

③ **提高设备操作动作的准确性和成功率，缩短动作时间**。充分发挥自动化系统的优势，按照预设逻辑规则，实现批量动作的有序、高效自动操作（例如倒闸、负荷调度、油机发电送电、空调水系统切换等），避免了人工操作中的熟练度低、配合度低、时效性差和差错率高等问题。

④ **实现批量设备的集约化、协同管理**。通过智能化系统管理，对分布在相同或不同机房、不同机楼，乃至不同地点的某种设备或多种设备进行集中监控、集中调度管理，实现少人或无人化的维护管理（例如动环监控系统、空调群控系统和电力调度系统等）。

⑤ **实现维护管理数字化和模型化，便于能力复制和经验分享**。运用数字化建模和智能化分析等手段，对各种电源空调设备及系统的运行模式、故障模式、处置方式等进行经验分析和储备，使维护管理的技术、能力与经验可复制、可共享，大幅提高了部署的效率。

（2）产品分类与技术选择

智能控制技术可以大致分为设备级监控单元（模块）、专业化智能控制系统及综合化智能控制系统。

设备级监控单元（模块）作为电源空调设备的一部分，针对特定设备量身定制，配合密切，能够采集丰富的信息，控制功能强大；通常提供对外智能接口（RS-232、RS-485、以太网、现场总线和无线等）以供远程管理，但智能接口的功能往往是有限的，因此在设备选择与采购时应充分考察设备智能接口的功能，以免影响后续的能力发挥。

专业化智能控制系统是针对特定类型的设备或特定的电源（空调）系统，进行协同操控及逻辑化管理，以达到相互配合、避免冲突、迅速敏捷和高效节能等目的。一般要求如下：建设集中式水系统的都应配置冷源设备群控系统；机房采用房间级空调为主的应配置空调末端 AI 群控系统；10kV 配电系统规模较大、数量较多的，尤其是采用 10kV 油机并机倒换的，应配置电力调度系统。

综合化智能控制系统是对多个地点、多种设备、多种系统进行集中化监控与管理调度的智能化系统，通常包括动环监控系统、能耗监测管理系统和 DCIM 系统等。动环监控系统作为电源空调设备的基本监控管理手段，是必须配置的系统；能耗监测管理系统可以依托动环监控系统，或独立建设，但能耗采集部分应与动环监控系统共享；DCIM 系统基于园区基础设施的综合管理，进行全局化、综合化和可视化的高效展示，可实现迅速的故障分析与定位，指导现场人员处置操作，与动环监控系统的功能有一定的交叉和重叠，可根据园区规模选择性建设。综合化智能控制系统的建设要处理好与专业化系统之间信息传送与共享的机制，既要避免功能重复、叠床架屋，又要防止功能遗漏、百密一疏，同时在日常维护管理的功能定位与界面信息展示方面应有明确的分工。

04

第四章

工程实施

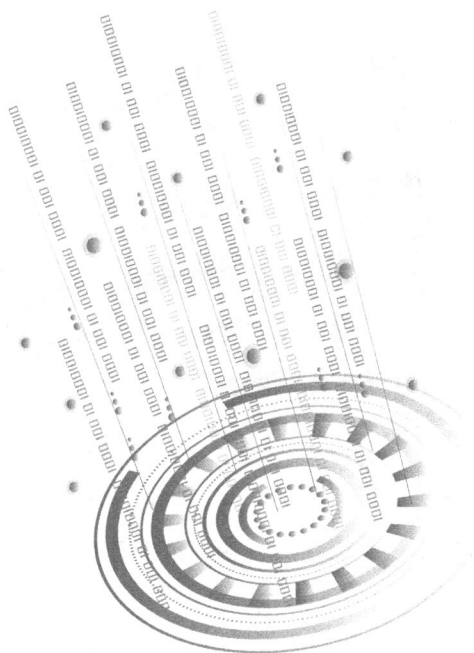

工程实施阶段是整个项目的实体化过程。在此过程中，通过对工程建设"三控制、两管理、一协调"的有效把控，才能完成工程实体的顺利交付。

4.1 清单与采购

4.1.1 技术规范书

工程设备类技术规范书和工程服务类技术规范书包括设备、工程量清单（施工类项目）、发包人要求等，是工程服务类招标文件的重要组成部分。

（1）技术规范书的编制原则

① **以相关国家标准和行业标准为基础。**

技术规范书的编制应以国家和行业相关标准为根本依据，选择符合发展要求的关键指标，发挥技术标准提升数据中心建设质量的作用。

② **可执行性原则。**

根据数据中心项目环境的特点、技术水平及发展现状，在充分调研的基础上，分别描述各个专业的要求，确保技术规范书的可执行性。

③ **先进性与前瞻性原则。**

在编写和修订技术规范书的过程中，应充分考虑目前以及今后的技术发展趋势，使技术规范书能够满足较长时间的技术发展需要。

（2）技术规范书的编制流程

① **注意资料收集、技术调研。**

通过各种渠道收集与整理技术规范书的相关资料，以采购项目为基本研究单位，收集数据中心行业设备和工程服务类招标文件中技术标准和发包人要求的样例，分析典型样例的构成，形成技术规范书的初步格式。

② **梳理与分类技术参数，初步确定技术规范书的模板。**

在完成技术规范书初步格式的基础上，结合实际情况，剖析历史性技术标准和发包人要求的样例，进行技术参数梳理和分类，梳理共性要素，提取关键要素，初步确定技术规范书模板中固化和非固化的参数内容。

③ **开展研究讨论与意见征询，完善技术规范书的模板。**

为保证技术规范书的科学性、标准化和可操作性，通过研究收集的各方资料，分析并组织讨论，征询各方意见，根据反馈进行修改，最终明确技术规范书的内容。

4.1.2　工程量清单

根据工程量清单计价的模式符合企业市场化发展的需要，是完善建筑工程招投标市场、健全工程造价市场形成机制的有效途径。GB 50500—2013《建设工程工程量清单计价规范》的出台，使工程量计算规则、项目划分、工程内容及项目编码打破了地区之间、部门之间、地区与部门之间的界限，实现了全国统一。根据工程量清单计价就是在统一工程量计算规则的基础上，企业依据反映施工工艺水平的企业定额，以及政府和社会咨询机构提供的市场价格信息和造价指数自主报价，由市场形成以价格为主的价格机制，通过市场竞争确定工程造价。

招标工程量清单应由具有编制能力的招标人或受其委托、具有相应资质的工程造价咨询人或招标代理人编制。工程量清单作为招标文件的组成部分，其准确性和完整性由招标人负责。工程量清单是清单计价的基础，是编制招标控制价、投标报价，以及计算工程量和工程索赔等的依据之一。

（1）工程量清单的主要作用

① **工程量清单为投标人的投标竞争提供了平等和相同的基础。**

工程量清单是由招标人负责编制，列出要求投标人完成的工程项目及其相应工程的全部实体数量，为投标人提供拟建工程的基本内容、实体数量和质量要求等的基础信息。因此，在建设工程的招投标中，投标人的竞争活动有相同的基础，投标人机会均等，竞争活动公正且公平。

② **工程量清单是建设工程计价的依据。**

在招投标的过程中，招标人根据工程量清单编制工程的招标控制价；投标人按照工程量清单所表述的内容，依据企业定额计算投标价格，自主填报工程量清单所列项目的单价与合价。

③ **工程量清单是工程付款和结算的依据。**

在施工阶段，发包人根据承包人完成的工程量清单中规定的内容以及合同单价支付工程款。在工程结算时，承发包双方按照工程量清单计价表中的序号，对已实施的分部分项工程或计价项目按合同单价和相关合同条款核算结算工程款。

④ **工程量清单是调整工程款、处理工程索赔的依据。**

在发生工程变更和工程索赔时，可以选用或者参照工程量清单中的分部分项工程或计价项目及合同单价来确定变更工程款和索赔费用。

（2）工程量清单编制的基本原则

- **清晰准确**：工程量清单需要准确地描述每一项工程构件的材料、尺寸、数量和质量要求等信息。
- **统一规范**：工程量清单中的计量单位、工程项目的编码体系和计算公式等都需要按照国家统一标准执行。
- **分项细化**：工程量清单需要按照不同的材料、构件和工程部位进行细分，以便测算准确的成本和制订施工计划。
- **综合协调**：工程量清单编制需要综合施工方案、图纸设计、合同要求等各方面的因素，保证工程量清单的完整性和一致性。

（3）工程量清单编制的关键点

工程量清单编制的关键点在于"准确性"。工程量清单的准确性对合同双方意义重大，深刻影响着工程实施及后期的竣工结算。

① **工程量清单应列项准确。**

工程内容决定了该清单项的工作范围，一般同定额子目的工程内容不太一致，因此，如果不熟悉工程量清单的工程内容，很容易造成重复列项或漏项。一般工程都是比较相似的，很多清单项的差别不大，因此，在已经完成工程的清单列表中选择、修改会更高效，且不容易漏项。

根据列好的清单项，与图纸进行对应，覆盖的实体就在图纸上打钩，如果发现遗漏，应立即查阅清单规范来核对，确属遗漏则应立即补充。

② **列项特征应描述准确。**

工程量清单子项特征的描述应做到准确详细，不产生歧义。如果子项参照标准图集，应清楚地备注引用的图集号，并列出图集的详细内容，以方便后期核对和结算。图纸上有相应做法的，需要在清单的特征处说明该种做法的图纸出处。

③ **工程计量应重视验核的准确性。**

一般情况下，工程计量都是由若干人分工协作的，因此可以在完成计量后进行交叉检查，分别核对对方计量中主要的工程量，如果差异较大，需要再进行详细核对。工程量之间会有一定的逻辑关系，存在一定的指数范围，可以利用这些指数范围核对工程计量是否有偏差，如果超出范围，就需要仔细核对。

4.1.3　设备与材料采购

项目实施是一个复杂的过程，其中施工设备与材料采购是至关重要的一环。符合要求的施工设备与材料采购可以使施工项目顺利进行，提高施工的效率和质量。本节将从设备与材料采购的重要性、采购文件的编制及内容构成、采购流程和管理，以及采购策略等方面进行探讨。

（1）设备与材料采购的重要性

设备与材料是施工的物质基础，符合要求的设备与材料可以保证施工的安全性、质量和进度。此外，高质量的设备与材料还可以提升工程的可持续性和耐久性。

（2）采购文件的编制及内容构成

采购文件应根据项目需求（采购项目基本情况、采购项目前期调研情况、采购需求及要求一览表、采购项目评审内容及分值设置一览表等），结合项目的特点和实际情况，按照相关法律法规要求编制。

采购文件一般包含采购公告（邀请）、投标（响应）人须知、合同范本、响应文件的材料组成及规定格式、采购需求 5 个部分。

采购公告（邀请）： 主要包含项目名称、项目编号、项目概况、采购内容、预算额度、实施周期、实施地点、供应商规格要求、投标保证金缴纳说明、报名说明、获取采购文件说明、响应文件递交要求、评审时间及地点、发布公告的方式、相关联系方式等内容。

投标（响应）人须知： 主要包含投标（响应）人须知前附表和投标（响应）人须知两部分。主要涉及采购文件对项目名称、编号、资金来源、控制价、投标（响应）有效期、响应文件编印和装订要求、资质材料提交要求、投标（响应）及开标程序说明、评审程序、解释权等相关事宜的申明，对响应文件编写和递交的规范要求，对评审程序、评审办法、澄清和错误修正等评审中相关事项的申明，对评审结果的公示、合同授予及验收的申明等。

合同范本： 主要包含合同参考格式及相关约定条款。

响应文件的材料组成及规定格式： 主要针对响应文件相关材料规定格式及填写的说明，例如封面、目录、各类附件表格格式及填写要求和说明等。

采购需求： 主要包含具体的项目介绍、采购内容、技术指标要求、样品要求、资质要求、报价要求、完成周期、质保要求、供货要求、验收要求（标准）、售后服务和其他相关技术或商务类要求等。

（3）采购流程和管理

施工设备与材料采购的流程一般包括需求分析、供应商选择、合同签订、交付与验收等步骤。

需求分析是采购的第一步。通过对施工项目的需求进行分析，能够明确需要采购的施工设备与材料的种类和规格，为后续的供应商选择提供依据。

供应商选择是采购过程中的关键步骤。选择方式包括招标、比选、询价、竞争性谈判、竞争性磋商、竞价、单一来源采购、招募等。在选择供应商时，需要综合考虑供应商的信誉度、经验和价格等因素。同时，还需要查验供应商的资质和过往合作情况，确保供应商能够提供优质的产品和服务。

合同签订是采购的重要环节。合同应明确双方的权责，包括交付时间、质量标准、付款方式等内容，确保双方的权益得到保障。

交付与验收是采购的最后一步。在收到施工设备与材料后，需要进行验收和测试，确保其符合合同规定的标准和要求。只有通过验收的设备和材料，才能正式投入使用。

（4）采购策略

在采购设备与材料时，可以采用一些有效的策略提高采购效率，保证质量。

建立多样化采购渠道。通过与多家供应商合作，能够获得更多的选择和议价空间，降低采购成本，避免单一供应商带来的风险。

建立长期合作关系。与供应商建立长期合作关系可以获得更高的信任度和优先权，提高采购的效率和质量。

选择与优质供应商合作，确保施工设备与材料的质量。在选择供应商的过程中，可以参考其他项目的经验，寻找具有良好能力和高质量口碑的供应商。

通过合理的库存管理来降低采购成本和风险。根据施工进度和需求变化，合理规划和管理库存，避免设备与材料的浪费或过剩。

4.2 施工管理

4.2.1 施工管理概述

施工管理既要保证项目通过科学管理的模式获取一定的经济效益，还要在规定的时间内保证工程质量，安全高效地完成。

施工管理可以被归纳为"三控制、两管理、一协调"："三控制"指进度（工期）控制、成本控制和质量控制；"两管理"指合同管理和安全管理；"一协调"指组织协调。其中，最关键的是"三控制"，一个工程的项目管理必须做好进度（工期）控制、成本控制和质量控制才能更好地施工，最终完成项目的要求。施工管理如图 4-1 所示。

图 4-1　施工管理

数据中心基础设施施工管理最先需要了解和掌握的是施工组织措施。施工组织的实施方案是指导设备安装、调试施工活动的技术文件，是保证施工秩序、施工质量、施工进度、安全生产和文明施工的具体措施。

运用系统工程理论和方法，进行有效的规划、决策、组织、控制和协调，以及系统、科学的管理，是工程项目安全、质量和进度的重要保证。服从监理管理，加强对过程、程序和环节的控制，严格执行设计标准和施工验收规范，是做好工程的必要条件。

在合同工期内，为保证高质高效地完成各项施工任务，应有条不紊地对施工现场进行管理，保证施工各个班组、每道工序有计划按步骤地进行，而这取决于施工单位是否能理解设计图纸，是否能及时解决图纸问题，施工进度计划安排是否合理，对现场劳动力、施工设备的配置是否合理等因素的综合组织及协调能力。

施工单位需要从项目组织机构的设置、项目管理制度的建立、劳动力资源的配置、施工设备的配备、重难点环节的工艺准备、施工进度的策划、工程质量的控制、安全文明的管理、紧急情况的预案等多方面着手，详尽地编制工程施工组织措施。下面重点介绍项目组织机构的设置和项目管理制度的建立两方面。

（1）项目组织机构的设置

一旦工程开始实施，施工单位主管领导应召开项目启动会。会议内容包括：成立项目经理部、明确各岗位职责、明确专业施工队、商务交底、施工总动员，以及设置项目管理组织架构等。

为方便控制和管理，建议配备专职的计划管理人员，负责对工程施工的进度、预算、设备采购等方面进行有序管理，最大限度地解决管理不当造成的误工误时问题，保证施工合理进行。项目组织机构示意如图 4-2 所示。

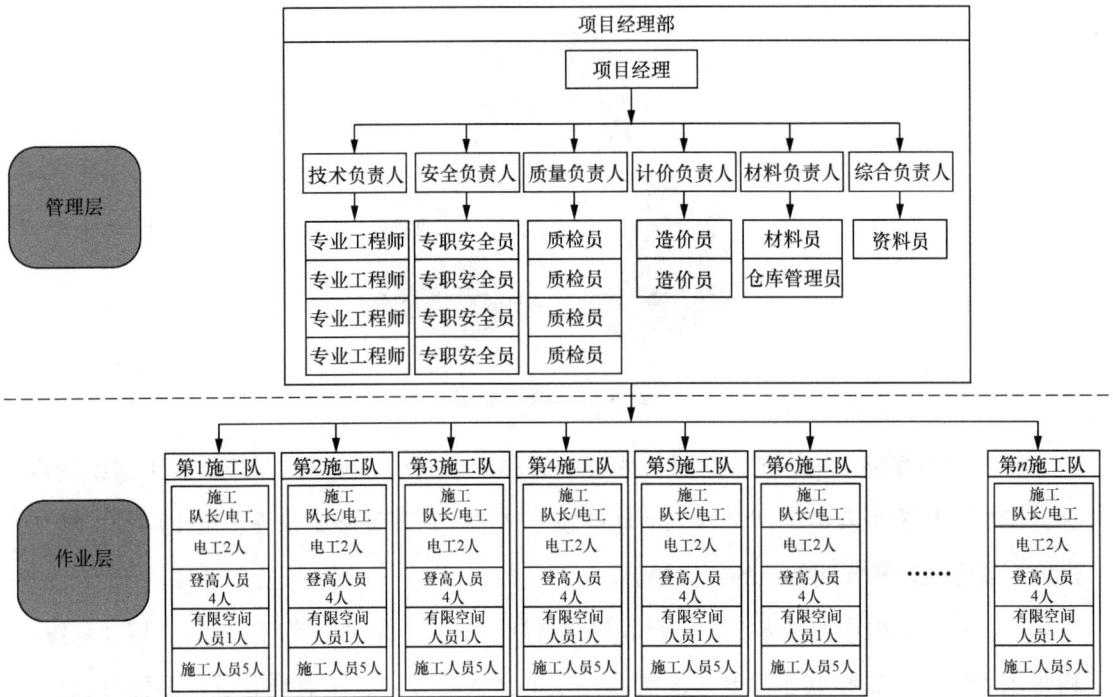

图 4-2 项目组织机构示意

在项目组织机构设置上，需要配备一名项目经理，负责总体协调、整体管理进度、成本、质量、安全等。项目经理部按照工程特点，配备技术负责人、安全负责人、质量负责人、计价负责人、材料负责人、综合负责人等。

项目经理部的组建建议按照矩阵管理模式进行，这种模式有利于集中公司各部门的优势资源，并有利于项目的整体推进。项目组成员来自公司不同的部门，熟悉公司的管理流程，也熟悉自己本部门的业务。项目组配备的项目经理应是具备相关资质的专业管理人才，有多年的项目管理经验和丰富的项目管理技巧，能够运用专业的项目管理方法领导项目团队精诚合作，为项目的顺利推进奠定基础。

派驻至施工现场的项目经理、技术负责人、安全负责人、质量负责人在整个合同期内的工作应是全职的，在现场工作的时间应根据合同规定执行。施工准备阶段流程示意如图 4-3 所示。

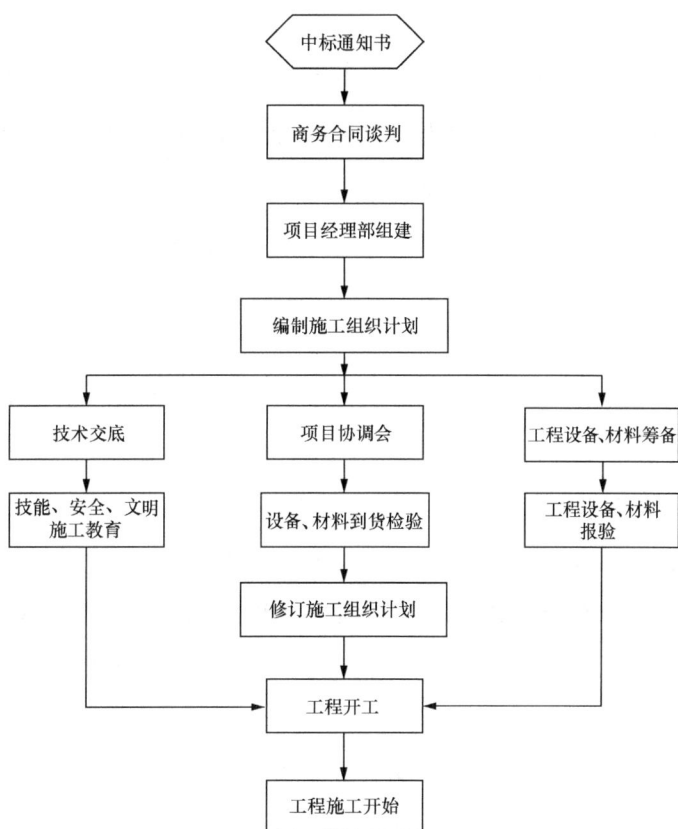

图 4-3 施工准备阶段流程示意

（2）项目管理制度的建立

数据中心基础设施施工项目还应重点关注项目管理制度的建立，需要针对项目特点、实际情况、关键点等，编制施工管理流程、进度管理计划、质量管理制度、技术管理制度、安全文明施工管理制度等。

① **施工管理流程。**

工程施工管理中，除按照建设单位（或监理单位）规定的基本流程开展施工管理外，还需要关注以下几个重要的施工管理节点。

- **技术交底：** 开工前，项目部应组织参与施工的工程技术管理人员认真审阅施工设计图，了解设计意图，掌握设计文件的技术要求，并贯彻到每个施工班组。

- **新技术培训：** 项目中涉及新技术、新工艺及新规范要求的，开工前应由技术负责人组织对施工人员进行培训，并下发新技术、新规范要求，统一操作规范工艺，确保参加施工的每个人都明确技术要求和技术标准，以保证工程施工质量。

- **工程开工**：根据工程准备情况（包括施工人员、施工设备、施工材料、施工进度计划、施工技术方案、安全技术措施、施工组织设计等）向监理单位提交开工报告，监理单位或建设单位下达正式开工令后，工程正式开工。

- **材料检验**：主要设备、材料到货后安排检验，记录检验结果并办理检验签证。合格品入库使用，不合格品按规定退换。需要送检的材料应按要求送至检验机构按批次进行抽验。

- **安装工艺**：严格按照工程设计要求施工。要加强施工现场管理，做好场容场貌工作，做到文明施工、规范施工。要遵守业主的有关规章制度，施工现场应做到布局合理、工具器材摆放有序、环境卫生整洁，应做到日清日洁。

- **隐蔽工程施工**：隐蔽工程施工过程中必须有监理单位或建设单位代表参与现场监督检查，完工前必须由项目质检员、监理工程师到现场检验，并办理隐蔽工程签证，如果检验不合格，则需要进行现场整改，三方单位检验确认合格后方可进行下一道工序施工。

- **工程变更**：在施工中发现图纸不详细或必须变更的情况时，应由施工单位申请，经项目总工程师审核通过后，由建设单位向设计单位发出通知。设计单位审核确需变更后，具体设计人员与现场工程师、项目部技术负责人、监理工程师共同研究决定后，由监理公司出具修改报告办理变更签证，方可施工。设计图纸的变更流程示意如图4-4所示。

- **计划变更**：在施工中若无法保证按照技术文件中的项目计划完成任务，则应提前至少一周向建设单位提交计划变更申请，说明新的计划安排，以及采取何种纠正措施来保证重要目标按时完成。

- **工程报告**：项目经理应组织每日召开日例会，每周召开工程例会，适时了解工程进度、施工质量、安全生产及工程协调等方面存在的问题并提供解决方案。项目经理应填写施工日志，每周向建设单位提交项目周报，并汇报工作进展、遗留问题解决情况、下周工作计划等。项目经理和技术负责人应定期参加建设单位组织的项目协调会，汇报工作进展情况，讨论存在的问题及下一阶段工作计划。

- **竣工资料编制**：做好工程技术资料的收集和整理工作，及时修订工程图纸，工程完工后编制竣工资料、竣工决算，按规定完成资产转固、资源录入工作。

- **工程验收**：工程完工后，应先组织由项目经理、技术负责人、施工班组长组成的自验小组进行自验，经自验合格后再提交工程验收通知单，根据建设单位确定的验收时间做好验收前的准备工作。若验收中发现问题，应责成施工班组进行修复处理。重新修复的内容需要进行复验，确认合格后初验通过。施工收尾阶段流程示意如图 4-5 所示。

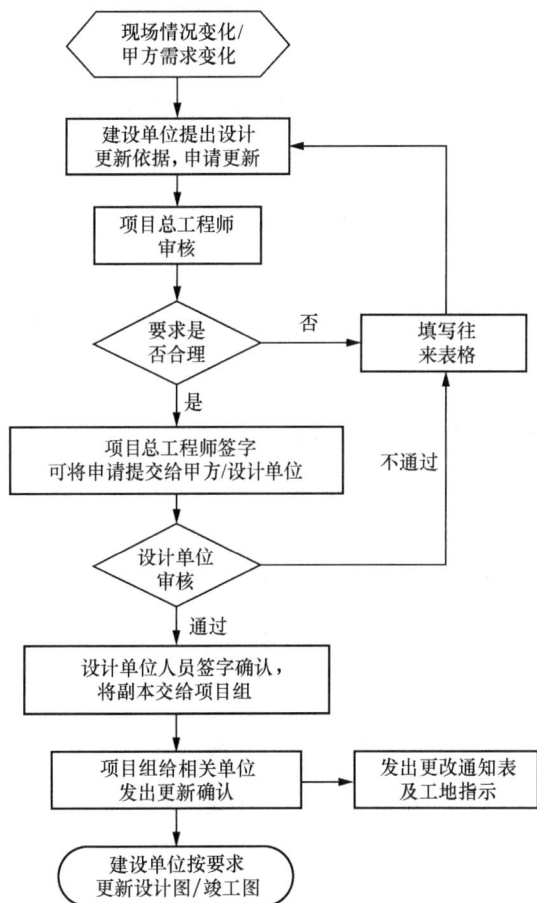

图 4-4　设计图纸的变更流程示意

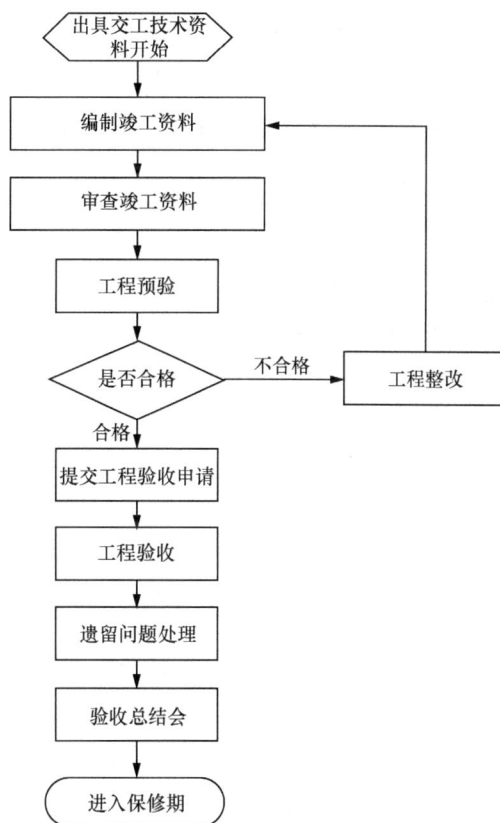

图 4-5　施工收尾阶段流程示意

② **进度管理计划。**

数据中心基础设施施工项目在进度管理方面，需要将建设单位或招标文件的要求作为进度管理目标来编制工程进度计划。为了保证工程进度计划的顺利实施，需要制定相应的保证措施。

根据工程进度计划和工程量，可得出劳动力进场计划，并制订设备、材料的进场计划。为确保工程进度计划的顺利实施，还需要随工程进展及时评估和更新进度，并建立进度风险管理方案。

施工期间，各专业工程师在建设单位提供设计图纸及相关资料后，结合其他工种的进度更新机房系统工程的进度计划。在工程实施过程中，由项目经理汇总各专业、各系统施工进度，以周报的形式向建设单位、监理单位及公司管理层进行书面汇报。针对项目进展情况进行评估，确认项目进度是否与预期目标一致，如果有偏差，应采取何种措施予以修订并重新报送建设单位和监理单位审核确认。

③ **质量管理制度。**

数据中心基础设施施工项目需要建立质量责任制度。制定工程施工质量管理标准及检验程序，实行自验并建立文件记录管理系统，以备建设单位及有关主管部门的质量检查、查核与评定；设立质检员岗位，按照工作说明书及设计图纸规定的工程技术标准、规范和要求，以及建设单位依据合同发出的指令开展质检工作。

施工期间，施工单位需要依规自检工程质量，建设单位需要按设计要求查验工程质量。施工单位应予以配合和提供便利，并派员协助建设单位进行检查。如果发现工程质量不符合设计要求，或有不当措施可能危及工程安全，施工单位必须及时改正。

工程具备隐蔽验收条件或达到约定的中间验收部位，且施工单位自检合格后，在隐蔽或中间验收48小时前通知建设单位代表参加。通知中应包括施工单位的自检记录、隐蔽和中间验收的内容、验收时间和地点。施工单位应准备验收记录表，验收合格且建设单位代表在验收记录表上签字后，方可进行隐蔽或继续施工；验收不合格，则需要在限定时间内修改后，通知建设单位重新验收。

施工单位需要认真按照有关标准、规范、设计要求及建设单位代表依据合同发出的指令施工，随时接受建设单位代表及其委派人员的检查或检验，为检查、检验提供便利条件。

施工单位自行采购的材料、机具、设备进场前，应向建设单位提交生产厂家出具的质量合格证书或检验合格证书等相关资料及可提供的样品，以供建设单位审核。在材料用于工程之前，施工单位应会同建设单位取样，提供检（试）验，并于检（试）验合格材料进场前，通知建设单位进行现场检验。施工单位应在同一种设备、材料第一次订货前提供样品，提请建设单位选择、确定并封存样品。施工单位负责采购施工图范围内的设备、材料，应符合设计、规范要求，并提供产品合格证明书、原厂保修证明。施工单位应在设备、材料到货前48小时通知建设单位验货。

当施工单位采购的设备、材料与设计、规范和样品等不符时，应按照建设单位要求的时间运出施工场地，重新采购，并承担产生的费用，工期不予顺延。经检验合格、已运入工地的材料，未经建设单位同意，不得撤离工地。

④ **技术管理制度**。

施工单位应在工程设备提供、安装测试和售后服务等环节认真检查，严格遵循有关标准和规范，使整个管理处于受控状态。

数据中心工程建设是一个技术性很强的工作，对各个施工阶段安装设备的技术条件、安装工艺的技术要求，以及现场工程技术人员都应严格把关。所有与规范和设计文件不相符的情况或施工过程中进行现场修改的内容，都应记录在案，以便系统整体调试和开通，建立技术管理档案。

施工单位需要向建设单位提供合同范围内各系统工程的全套施工深化图纸，以及相关的技术标准、产品说明书、验收规范等。深化图纸会审时，监理单位、设计单位、施工单位三方代表参加，会审内容包括但不限于：设计图纸与说明是否齐全、施工安全是否落实、施工组织计划是否合理等。

技术交底时，交底内容包括但不限于：技术交底必须以书面形式进行检查与审批，由签发人、审核人、接收人签字，所有技术交底资料列入工程技术档案，项目实施交底，项目技术负责人向专业工程师交底，按工程分部分项交底等。技术复审制度的建立是为了避免重大差错的发生，按标准规定对重要项目进行复查、校核。

⑤ **安全文明施工管理制度**。

工程施工期间，施工单位应遵守有关安全方面的规章、规定。在现场设置安全机构，配备安全员，负责所有人员的安全和治安保卫工作，预防事故的发生。

当发生紧急事故、影响工地内外生命财产安全时，施工单位可不经建设单位指示，采取紧急措施，保证人员生命和工程、财产安全，并在采取措施后 24 小时内向建设单位工程师或监理单位工程师送交报告。

施工单位按照有关文明施工的要求，采取应有的卫生防护措施，保持现场及其驻地内的整洁和卫生。

⑥ **其他施工管理措施**。

其他施工管理措施还包括：文档管理，项目会议制度，项目报告制度，项目沟通制度，项目变更管理，材料与设备的试验、检验，设备与材料的供应、运输、包装、仓储、使用和交付，系统及设备的安装、部署要求，验收管理，培训管理，移交管理等。

上述这些制度和措施从组织形式上解决了工程施工中可能出现的各种质量问题、进度控制问题，以及资源调度和人员管理问题，确保工程能够顺利实施。

4.2.2　进度控制

进度控制采用科学方法，确定项目的进度目标、编制进度计划和资源供应计划，是项目管理中的一个重要环节。进度控制与质量、费用目标相互协调，以保证项目按期完成、实现预期目标。

项目生命周期如图4-6所示。

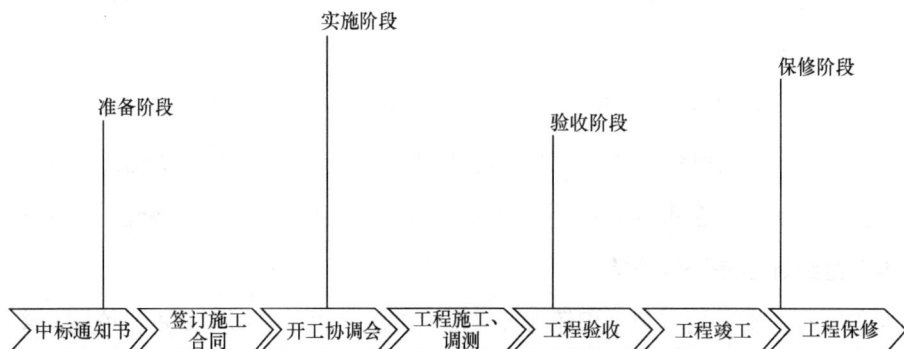

图4-6　项目生命周期

在项目生命周期内，为实现项目的进度目标，首先应编制项目进度计划。进度计划是进度控制和管理的依据，主要是用来表示项目中各项工作的开展顺序、开始与完成时间，以及相互衔接关系的计划。

施工项目进度控制是指在既定的工期内，编制出最优的施工进度计划，在执行该计划的施工过程中，应经常检查施工实际进度情况，并与计划进度进行比较。若出现偏差，则分析产生的原因和对工期的影响程度，采取必要的调整措施，修订原计划，循环直至工程竣工验收。施工项目进度控制的总目标是确保施工项目既定目标工期的实现，或者在保证施工质量和不增加施工成本的情况下，适当缩短施工工期。施工进度计划安排流程示意如图4-7所示。

（1）影响施工进度的主要因素

① **资金因素。**

建设单位应严格依照合同约定，按时、足额地支付工程款，否则会直接影响建设工期。施工单位进入施工现场后，所有生产环节都离不开资金的支持，包括工程准备阶段的临时设施搭设，工程实施阶段的人、材、机投入，项目管理费用的支出，安全生产、文明施工的措施费用等。如果建设资金能够得到保障，则各项生产活动就会依据施工进度计划按部就班、有条不紊地展开，从而确保正常的建设工期。反之，如果建设资金不能及时到位，就可能发生拖欠施工人员及管理人员工资、拖欠工程材料款、拖欠分包单位分包费用的情况，从而影响工程建设的正常运行。甚至，如果拖欠时间过长，超出施工单位的垫付能力，还会导致施工队伍停工、材料供应商停止供货、分包单位中止与总承包单位的合作等，迫使工程进度减缓甚至全面停工，直接导致建设工期延后。

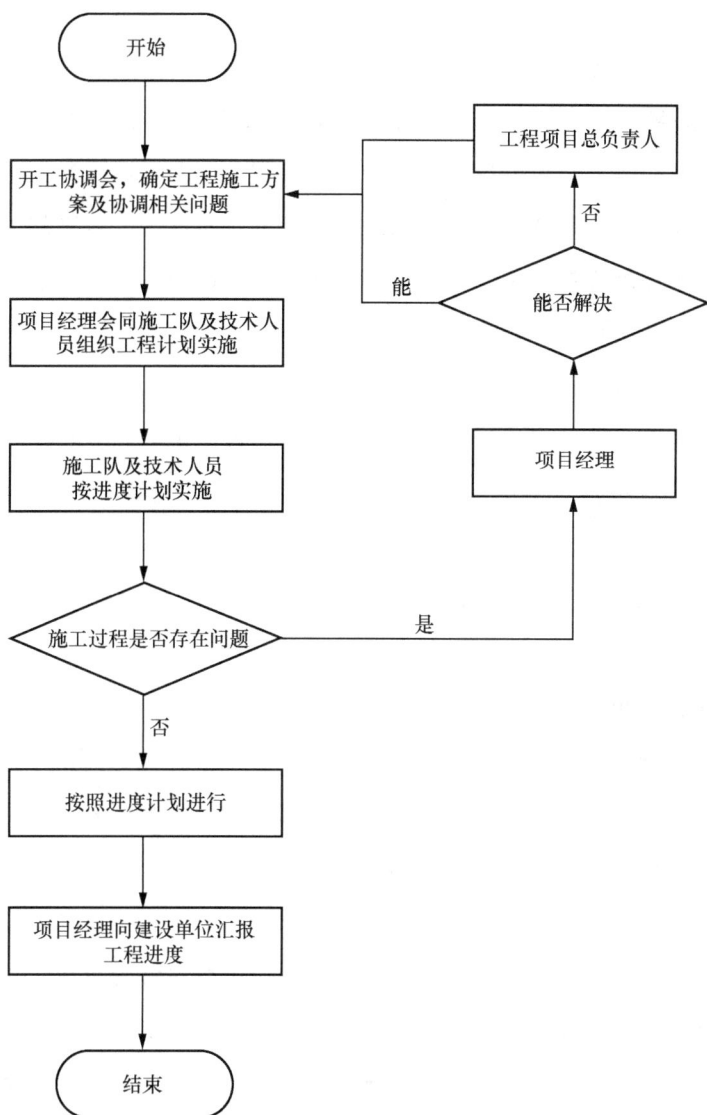

图 4-7　施工进度计划安排流程示意

② **设备、材料供应的影响。**

数据中心工程建设包含的专业众多，对专用设备、材料等有很大的需求，因此需要做好设备和材料的及时供应。对于数据中心工程的建设，各种专用设备会有一个较长的采购过程，项目应充分考虑设备的采购周期及运输条件，保证在施工进度计划内按时采购到现场。如果不能及时满足工程施工的进度计划要求，设备未能按时到货，则可能导致施工进度延滞，最终影响工期。

③ **施工单位的影响。**

施工单位是数据中心工程建设的具体实施者，其项目管理水平与施工人员能力水平的高低直接影响施工进度。

数据中心建设项目相对复杂，如果施工单位的施工方案不当、计划不周、管理不善，以及解决问题不及时等，则可能影响工程的施工进度。同时，由于数据中心建设中需要进行大量专用设备安装和系统调测，施工人员的专业技术能力和以往的项目经验极为重要。如果施工人员在施工过程中能够熟练完成施工，及时发现问题，提供解决建议，则能极大地降低返工率，提高工作效率。

④ **设计变更的影响。**

在施工过程中，可能出现原设计存在问题需要修改，或者业主提出了新要求而需要修改的情况，设计变更很难避免。这些变更往往会造成工程量（主要是返工）的增加，而在工程变更期间，相应环节的施工活动可能无法进行，需要暂时中止，会造成时间的浪费。而工程变更也增大了施工量，相比原本的方案需要更多的时间。这样一来，就会影响整体的施工进度，从而导致进度延误。

⑤ **建设单位的因素。**

影响工程项目施工进度的单位不仅是施工单位。事实上，只要是与工程建设有关的单位（例如业主、设计单位、材料供应商、资金贷款单位，以及市政、通信、供电部门等），其工作进度的延后必将对施工进度产生影响。因此，控制施工进度仅考虑施工单位是不够的，必须充分发挥监理单位的作用，协调各相关单位之间的进度关系。而对于那些无法进行协调控制的进度关系，在进度计划的安排中应留有足够的机动时间。

（2）施工进度的保障措施

工程在保证质量和安全的基础上，确保施工进度，合理分解进度目标，以各项技术保障措施、管理保障措施、经济保障措施、纠偏保障措施作为保障手段，进行施工全过程的动态控制。施工进度的保障措施见表4-1。

表4-1 施工进度的保障措施

	1. 技术保障措施
施工前	对施工人员进行相关规范、技术流程、操作流程、管理流程等内容的培训，确保施工人员的综合素质
	配合建设单位设计会审，并组织施工人员进行技术交底及新工艺培训。对于施工中遇到的技术难点，及时寻求高一级的技术支持
	根据工期要求将整个工期层层分解，规定在计划时间内完成各道工序，统筹安排，利用并行施工，缩短整体工期
施工中	严格按照进度计划要求施工，及时检查各工序进度。依照"先紧后松"的原则，尽可能提前完成前一阶段的工序
	施工中对可能影响施工进度的情况，提前做好准备，如果需要建设单位协调，则及时进行沟通
	及时将本项目中出现的问题及其解决方法汇总
	对于部分无法解决的技术问题（如软件问题等），在寻求厂家技术支持帮助的同时，及时向建设单位和监理单位汇报，不得隐瞒或拖延时间
	2. 管理保障措施
施工前	施工前，项目部安排技术人员进行现场复勘，确定施工各项条件是否满足要求
	及时向建设单位提交施工组织方案，并向施工人员做好技术交底
施工中	建立进度控制的管理工作原则，落实每个层次的进度控制人员，严格按照工程进度计划，按天、周、月进行考核，考核到组，与月绩效、奖励挂钩，经考核无法满足计划进度要求的，当月进行人员与班组调整；各级主管负责人认真做好核查记录工作，督促工程进度
	施工期间，项目部每天召开例会，做到日报、周报、月报及时上报。总结工作情况，及时发现影响进度的关键因素，及时调整工作计划
	为保证工程进度，在保证工程质量及安全的前提下，合理安排加班和抢工
	提前做好资源申请工作，推进工程进度
	在某个施工环节需要各方协调时，及时向监理单位或建设单位提出，必要时申请召开工程协调会
收尾	工程结束并经自检合格后，及时编制初验资料，提交给监理公司及维护单位，申请初验
	初验合格后，编制竣工技术文件，填写固定资产登记表。若初验出现工程遗留问题，应及时处理，并在建设单位要求的时间内处理完毕
	初验合格并经试运行良好，申请终验。终验结束后，在保修期内，积极配合建设单位进行工程保修
	3. 经济保障措施
资金准备	准备项目部资金，确保工程的顺利实施

奖惩激励	将进度目标和项目绩效挂钩，以绩效考核的形式发放。对于没有按照进度计划完成工程任务的，给予经济处罚，对于提前完成的，给予一定的奖励，促进全员保进度的积极性。绩效考核应公正公平，直接对照计划进度额度计划值完成结果比例计分
合同签订	与建设单位及时签订合同，承诺进度计划，接受监督与处罚
后勤保障	做好固定资产管理，及时做好各类仪表、工器具及车辆的维修保养工作，发现紧缺则及时补充

4. 纠偏保障措施

一旦发现影响施工进度的事件，项目部成员必须及时反馈，由项目部组织研究应对措施，及时向上级汇报，利用一切资源采取积极有效的补救措施

设计不符	当设计文件与实际情况不一致时，第一时间与建设单位、监理单位、设计单位等进行协调沟通，并积极提出解决参考方案
设备或材料缺乏	当设备或材料缺乏或出现坏件时，及时与设备厂家、建设单位及监理单位协调沟通，追踪设备、材料的返回情况，尽量减少工程进度的延误
工序延误	项目部在检查中发现某道工序有延误工期的现象，必须及时采取补救措施，例如增加人员、工具、仪表等
其他	其他原因（例如，设备到货延误、自然灾害等因素）造成工程进度延误时，应及时与建设单位、监理单位进行沟通协调，配合建设单位做好工期调整，并保证人力资源稳定。具备施工条件后，增加后备施工队伍，确保总工程进度目标实现
比较法分析	当判断出现进度偏差时，通过进度比较法，分析该偏差对后续工作和工期的影响，找出影响进度的关键因素，适时对项目计划进行调整，确保进度计划有效实施

5. 其他保障措施

（1）保障沟通畅通的措施

加强沟通理解	项目经理应积极与建设单位相关负责人沟通协调，保证与建设单位及监理单位的顺畅沟通，随时了解建设单位的需求，对突发性变化能够立即给予回应。建立一种最直接有效的面对面沟通方式
信息反馈	在阶段性工程完工后，由项目经理收集工程反馈书，掌握项目的服务质量，针对人员的投诉和进度质量反馈书都将作为公司内部考评的依据
内部通报	项目经理应及时发布各项工作的进展，方便相关人员随时了解工作进展，提高项目管理效率

（2）施工人员技能、素养保障措施

岗前培训	按照人事管理制度，所有的施工人员在上岗前都要接受岗前培训，培养良好的服务意识、吃苦耐劳的工作态度、认真严谨的工作作风，并且通过上岗考核之后才能到岗。开工前，项目部所有的施工人员都应认真学习相关的施工规范和实施方案、明确工作流程和新工艺等
技能培训	根据施工人员目前的技术水平，制订培训计划，为不同需求的施工人员提供初、中、高3个级别的培训，确保施工人员具有较高的技术水平。大面积施工作业前，先进行示范机房的施工演示，规范施工工艺
经验交流	施工单位应及时进行技术总结，定期召开阶段性项目经验交流会，避免同类问题再次发生或缩短解决问题的时间

4.2.3　成本控制

成本控制是以施工项目为管理对象，根据企业的总体目标和工程项目的具体要求，在工程项目实施过程中，对项目成本进行有效的组织、实施、控制、跟踪、分析和考核，建立规范统一的责任与权利相结合的成本管理模式，以合理使用资源，降低项目成本，提高经济效益。

成本控制主要分为招投标阶段的成本控制、施工阶段的成本控制及竣工结算阶段的成本控制。为加强项目成本管理，应树立牢固的成本控制意识，并建立相应的管理制度，抓好成本控制的关键环节，同时应重视和解决成本控制中出现的问题，对项目成本进行全过程控制。

（1）招投标阶段的成本控制

建设单位在项目的招投标阶段就应开始进行成本控制。

为了使工程成本得到有效控制，应在建设工程法规允许的范围内，对工程内容进行合理规划，明确合同的项目划分，使不同标段的施工单位协同合作，确保工程的建设质量和进度。同时还应由专业咨询公司提供较完备的工程量清单，初步框定施工费用。

在招投标阶段，成本的风险控制极为重要，包括以下内容。

① 工程量清单错漏风险。

② 设计图纸失误风险。

③ 因天气、地形地质等自然条件的不确定性，为保证工程顺利进行，采取施工方案中没有的临时措施而增加费用的风险。

④ 承包商失误（或有意）导致报价错误风险。

⑤ 市场人工、材料、设备价格波动风险。

⑥ 国家政策法规变动引起的工程成本波动风险。

建设单位在编制招投标文件的过程中，应本着风险共担的市场原则，对以上风险进行明确的约定。国际工程所用的 FIDIC 合同条款对此均有详细说明，我国的施工承包合同范本也存在对相关风险的约定，同时还可以在专用合同条款中进行约定。

为建设项目建立相应的工程担保制度也很重要，涉及投标保函、履约保函、预付款保函、工程保留金保函、工程款支付保函、免税进口材料物资税收保函等。

（2）施工阶段的成本控制

施工阶段的成本控制主要通过现场跟踪工程项目，对施工过程中较易产生争议的合同管理、工程变更、现场签证、材料价格及项目进度等涉及工程费用的问题进行控制，使工程成本符合实际情况，科学地利用建设资金，最大限度地发挥建设单位的投资效益。

项目施工时，施工环节中的很多因素都会对工程成本产生影响，其所涉及的范围很广泛，产生的工程量也较大，因此在施工阶段对工程成本进行控制具有一定的难度。

因此，建设单位及施工单位应当建立并完善相关监管制度与施工成本控制方法，从施工组织设计、施工成本、施工技术及施工合同等方面提供有效措施控制工程成本，设置工程成本的控制节点，分析其影响因素，重视项目施工全过程的成本控制，具体可以从以下3个方面展开。

① 对相关人员进行科学管理，使其养成成本控制意识。在确保工程质量符合建设标准的前提下，对项目施工进度进行科学规划并严格按照计划执行。

② 对于施工材料的采购，应提前做好市场调研与分析，及时掌握施工材料价格波动趋势，避免在施工材料价格波动高峰期进行套价，确保工程成本在可控范围内。

③ 对于设计变更、现场签证、额外费用等环节，需要做好重点监督。优化项目设计的同时严格管控项目变更，对产生项目变更的原因、变更的必要性，以及对工程成本的影响进行科学的计算与验证，待相关单位审核同意后方可进行施工。在施工期间所产生的签证与洽商文件，经相关人员签字确认后进行再次审核，确保其完整性，避免产生争议而影响项目建设后期的结算。

通过制定可行的施工方案，利用先进的施工技术来控制施工质量，从而达到对工程成本的合理控制。同时还应对项目施工的细节进行严格管控，对项目施工中出现的问题采取有效的措施，在确保工程建设质量的同时控制项目建设资金的投入力度，从而实现项目建设与运维的经济效益最大化，合理控制项目的总成本。

在对项目成本进行控制时，必须重视"积少成多"的作用，对项目施工的各个细节进行充分的研究与分析，最大限度地降低工程建设成本。

（3）竣工结算阶段的成本控制

除了要在招投标阶段和施工阶段对建筑工程的施工成本进行控制，最后还应在竣工结算阶段对施工成本进行合理管控。

第一，应审核项目结算的成本资料。审核工作人员应秉持严谨的态度，对工程建设中的变更与索赔等进行重点审核。

第二，工程的各项费用都应严格按照合同中的相关要求或工程建设过程中的计价定额工程标准执行。在执行前需要审核各项收费标准是否正确，差价的调整是否符合规范，再确定特色费用的计算是否符合程序，重点关注费用的计取基数是否正确。工程竣工时的结算项目通常数量大、内容多，经常会出现计算错误或者遗漏项目的现象，审核人员必须高度重视这些问题，并及时采取有效措施进行改进。对于工程预算与实际资金使用之间存在的差异，应制定具体策略进行科学处理，以此确保成本管理方案的适用性，从而进一步实现全过程的工程成本控制。

第三，相关单位应分类整理工程成本的相关资料，工程成本资料应包含项目施工期间的各项费用支出明细，以及不同项目的成本资料等。在对建设项目进行工程成本管理期间，需要收集与工程成本资料，确保工程成本资料的真实性和准确性，还应保证其信息化与系统化特征，相关单位应要求成本控制相关的工作人员及时熟悉并掌握成本控制相关的软件，并通过计算机将工程成本资料的相关信息录入成本控制相关的管理系统中，以此辅助成本管理与控制工作的有序进行。

4.2.4　质量控制

根据 GB/T 19000—2016《质量管理体系　基础和术语》中的质量术语定义，施工质量控制是在明确的质量方针的指导下，通过对施工方案和资源配置的计划、实施、检查和处置，进行对施工质量目标的事前质量控制、事中质量控制及事后质量控制的系统过程。

事前质量控制、事中质量控制及事后质量控制 3 个环节相互补充，可以动态地控制质量，以保证质量管理和质量控制持续改进。

事前质量控制：在正式施工前，主动进行的质量控制。通过编制施工质量计划，明确质量目标，制定施工方案，设置质量管理点，落实质量责任，分析可能导致质量目标偏离的各种影响因素，并针对这些影响因素制定有效的预防措施，防患于未然。

事中质量控制：一是对质量活动的行为约束，二是对质量活动过程和结果的监督控制。事中质量控制的关键是坚持质量标准，重点是对工序质量、工作质量和质量控制点进行控制。

事后质量控制：也称为事后质量把关，使不合格的工序或最终产品（包括单位工程或整个工程项目）不流入下一道工序。事后质量控制包括对质量活动结果的评价与认定，以及对质量偏差的纠正。控制重点是发现施工质量的缺陷，并通过分析提出施工质量改进的措施，将质量保持在受控状态。

通过良好的质量控制能够有效提升工程质量，能够在第一时间发现施工过程中存在的问题，尤其是隐蔽工程中的问题，并结合实际情况采取行之有效的解决措施，从而提高工程质量，加快工程进度，降低建设成本。

技术交底是深入贯彻质量标准化的要求，也是项目现场安全管理的重要内容。通过技术交底，可确保施工人员和各级管理人员熟悉所承担工程任务的特点、技术要求、施工工艺、工程难点、施工操作要点，以及工程质量标准、安全措施、进度要求、文明施工要求，充分理解设计意图，做到心中有数。技术交底流程如图 4-8 所示。

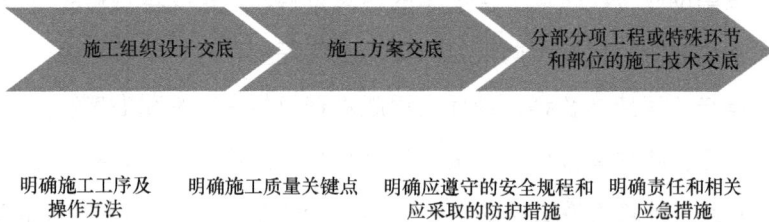

施工组织设计交底	施工方案交底	分部分项工程或特殊环节和部位的施工技术交底
明确施工工序及操作方法	明确施工质量关键点	明确应遵守的安全规程和应采取的防护措施　明确责任和相关应急措施

图 4-8　技术交底流程

（1）影响工程质量的因素

影响工程质量的因素众多，但归纳起来主要有 5 个方面，即人（Man）、机械（Machine）、材料（Material）、方法（Method）和环境（Environment），简称 4M1E。

① **人员素质。**

人的因素主要指人员素质，包括施工人员的理论、技术水平等。施工时应先考虑到对人员因素的控制，因为人是施工过程的主体，工程质量受所有参加工程项目施工的工程技术人员、施工人员、服务人员共同作用的影响，人是影响工程质量的主要因素。因此，建设工程实行资质管理和各类专业从业人员持证上岗制度是保证人员素质的重要管理措施。

② **机械设备。**

机械设备可分为两类：一类是指组成工程实体及配套的工艺设备和各类机具；另一类是指施工过程中使用的各类机械设备。工程所用机械设备的质量优劣、其类型是否符合工程施工特点、性能是否先进稳定、操作是否方便安全等，都将影响工程项目的质量。

施工阶段必须综合考虑施工现场条件、建筑结构形式、施工工艺和方法，合理选择机械设备的类型和性能参数，合理使用机械设备，并正确操作。施工人员必须认真执行各项规章制度，严格遵守操作规程，并加强对施工机械设备的维修、保养、管理。

③ **工程材料。**

工程材料是指构成工程实体的各类原材料、构配件、半成品、成品等，它不仅是工程建设的物质条件，还是工程质量的基础。工程材料选用是否合理、产品是否合格、材质是否通过检验、保管使用是否得当等，都将直接影响工程质量。

工程材料质量不符合要求，工程质量也就不可能符合标准。因此，加强工程材料的质量控制是提高工程质量的重要保证。

④ **施工方法。**

施工方法包含整个建设周期内采取的技术方案、工艺流程、组织措施、检测手段、施工组织设计等。施工方法正确与否，直接影响工程质量控制的顺利实现。因施工方案考虑不全面而拖延进度，不仅会影响质量，还会增加成本。

⑤ **环境条件。**

环境条件是指对工程质量特性起重要作用的因素，包括工程的技术环境、作业环境、管理环境和周边环境。技术环境包括工程地质、水文、气象等，作业环境包括施工作业面大小、防护设施、通风照明和通信条件等，管理环境包括工程实施的合同环境与管理关系的确定、组织体制及管理制度等，周边环境包括工程邻近的地下管线、建（构）筑物等。加强环境条件管理，辅以必要措施，是控制工程质量的重要保证。

（2）施工准备阶段的质量控制

施工准备阶段的质量控制包括以下内容。

① 图纸自审和会审：图纸的自审和会审可以使项目有关人员了解工程特点、设计意图、工程质量要求及关键部位的技术要求。

② 工程文件的编制和报审：针对本工程中的各质量控制点要求，组织技术人员编制项目质量计划、施工组织设计、专业施工方案等工程文件，并呈业主及监理单位审批后实施。

③ 加强对施工组织设计中的施工方案及施工进度的审核，严格考察其施工工艺和工序，确保项目施工质量。

④ 施工技术交底：在分部分项工程施工前，技术人员应按专业编制施工方案，对施工班组进行技术交底，使每位施工人员都明确工程内容、施工方法、施工顺序、质量标准、安全要求等。

⑤ 确保进场机械设备和主要机具正常运行。

⑥ 对各种计量设备和器具进行检验和试运转，保证施工过程正常使用，计量工作是项目施工过程中的重要组成部分，计量值直接反映了质量状况，是采取技术和管理措施的依据。为此，计量工作需要注意 4 个方面：根据施工项目的性质和要求，配齐各种试验计量设备和器具；严格执行计量设备和器具的检定规程，保证取值的正确性；正确使用计

量设备和器具，及时地维修与保养，延长使用寿命；加强计量设备和器具的保管。

（3）施工阶段的质量控制

施工阶段的质量控制直接影响了工程质量，因此加强此过程至关重要。

① 加强对施工工艺质量的控制、工艺流程中对质量的要求，以及工艺加工对施工操作技术的要求，做到施工工艺质量标准化、规范化、制度化。

② 加强对影响工序质量因素的控制，在对施工工艺有特殊要求的某些部位，则设置质量控制点，通过对质量控制点的质量监控，来确保工序质量。

③ 过程检验和试验。每道工序完成后，施工班组人员应先按照标准、规范进行自检。自检合格后通知质量检查员进行专检。专检合格，质量检查员在检验和试验状态标识卡上签字后，方能转入下一道工序。隐蔽工程等主要施工过程，在质量检查员检查认可后，还应请业主代表、监理单位检查认可，并会签"隐蔽工程检查记录"。

④ 不合格品的纠正和预防。在施工过程中，项目质检员发现不合格品，应立即发出限期整改通知，并采取纠正和预防措施。不合格品经过处理后，检验人员应再次进行检验，检验合格后签字确认。

（4）施工完成后的质量控制

施工完成后，由项目部成立交工验收领导小组，组织各专业技术人员，会同业主代表、现场监理、当地质检站对本工程进行最终检验和验收。

4.2.5　合同管理

合同管理是对工程项目中相关合同的策划、签订、履行、变更、索赔和争议解决的管理，它是项目管理的重要组成部分。

合同管理的水平直接影响工程施工质量与施工进度，若不履行合同上的约定，则工程质量可能无法得到保障，同时也无法支付相关的款项资金。在合同签订过程中确定工程价格、工期及安全质量标准等，明确双方的权利和义务，这是工程合同管理的内容。通过有效的合同管理工作，能够保障工程施工质量，确保工程如期完成，提升工程建设的经济效益。总之，合同管理工作有一定的必要性和特殊性，加强对合同的监督管理对整个工程的施工而言十分重要。

（1）施工阶段合同管理的意义

① **合同是安排项目施工的指导性文件**。施工企业的项目部要根据工程规模、难易程度组建，工程的施工组织设计、计划、报表、竣工结算等要按照合同的约定编制、报送，

工程的质量、进度等都需要按照合同的要求组织施工，工程的材料、设备等应按照合同约定的规格、数量、价格进行购买。

② **合同是进行索赔的依据**。索赔是在工程承包合同履行过程中，当事人一方由于另一方未履行合同所规定的义务而遭受损失时，向另一方提出赔偿要求的行为。在实际工作中，索赔是双向的，建设单位和施工单位都可能提出索赔要求。通常情况下，索赔是指施工单位在合同实施过程中，对非自身原因造成的工程延期、费用增加而要求建设单位给予补偿损失的一种权利。而建设单位对于由施工单位造成的且实际发生了的、应由施工单位承担责任的损失，向施工单位要求赔偿，称为反索赔。索赔的性质属于经济补偿行为，而不是惩罚。

在施工承包合同中，违约造成的索赔可以分为费用索赔和工期索赔。费用索赔要求建设单位或承包商补偿费用损失，进而调整合同价款；工期索赔要求建设单位延长施工时间，使原本规定的工程竣工日期顺延，从而避免缴纳违约罚金。

③ **合同是控制工程成本和进行竣工结算的依据**。控制工程成本，应用倒推法确定分部分项工程，进而确定各岗位成本。合同签订后，工程的预算成本就可以确定，组建项目部时，再根据预算成本按照市场法则确定责任成本，确定工程的人工费用、材料费用、机械台班费用、其他直接费用和间接费用等。项目经理组织施工时，首先可将上述费用分解到各分部分项，其次是确定各岗位成本，一旦各岗位成本确定，就应实行合理用工、用料，控制人工费用、管理费用，并严防多领、冒领材料，为节约工程开支、办理工程结算奠定基础。

（2）施工阶段合同管理的要点

施工阶段合同管理的主要关注点围绕工程建设的 3 个关键控制展开，即进度控制、成本控制和质量控制，主要包括以下 7 项内容。

① **工程范围和内容**。施工承包合同中规定了施工单位需要完成的工作内容，但在实际施工过程中，工作内容通常会发生增减变化，这些变化会直接影响工期和成本。合同双方可就变更内容依据合同条款进行协商。

② **开工竣工日期和建设工期**。工程合同的工期计算涉及开工日期和竣工日期，而约定建设工期时通常会附带未按期完工的惩罚赔偿条款。在实践中，当事人时常就开工日期发生争议，其原因是约定的开工日期与实际的开工日期不一致。一般可以将施工单位有证据证明的实际开工日期认定为开工日期，也可以将开工报告中写明的日期作为开工日期。开工日期是控制工期风险的第一个重要节点。整个工程应根据合同要求进行进度控制，并对

影响工期的意外情况进行合理的工期索赔，最终才能达到合同签订的建设工期要求。

③ **工程质量**。施工合同示范文本通用条款规定了"工程质量标准必须符合现行国家有关工程施工质量验收规范和标准的要求。有关工程质量的特殊标准或要求由合同当事人在专用合同条款中约定"，同时也附带了对不合格工程质量的惩罚赔偿条款。在实际工程中，合同双方必须时刻关注可能影响工程质量的各种因素，并及时解决问题，避免发生工程质量事故，从而影响工期和成本。

④ **工程造价**。施工合同签订时，合同双方已对工程造价达成一致，双方需要严格按照合同条款进行造价管理。在实施过程中出现的变更、洽商、签订等环节都必须按照合同规定的流程进行双方确认，方能进一步实施，从而有效控制造价。

⑤ **设备与材料的供应**。按照设计部门提出的技术要求及清单进行物资采购，严格控制采购产品的质量。依据采购计划并结合工程实际进度，通过招标、谈判等方式，选择合适的供应商，以经济合理的价格签订物资供货及服务合同，优质高效地组织建造、运输、安装调试、验收、资料交接，以及项目所有物资的收发存储等工作，确保满足工程进度的需要。保证提供的产品满足业主的要求，最终达到保障工程质量和进度、最大限度地维护和保障业主利益的目的。

⑥ **拨款与结算**。工程款是指在建设过程中，按照合同约定的进度，发放给承包商的款项。工程款的结算方式包括总价合同结算、单价合同结算、成本加薪金结算等方式，拨付方式包括按照工程进度比例拨付、按照实际完成情况拨付、按照分期验收结果拨付等。在签订合同时，双方应确定合同类型和结算方式，并严格按照合同约定的流程进行操作，以确保双方权益得到充分保障。

⑦ **质保**。在数据中心基础设施施工项目合同中，应按法律法规及建设单位要求明确约定质保期，并可根据工程需要设置法律法规允许额度的质保金（附返还期限、方式、是否计息等条款）。双方在合同中需要明确约定责任期内出现缺陷的索赔方式，以及发生争议的处理程序等。

4.2.6　安全管理

在数据中心基础设施施工过程中，需要始终贯彻"安全第一、预防为主"的安全生产工作方针，保证施工人员在生产过程中的人身安全与健康，严防各类事故发生，以安全促生产，并完成安全生产目标考核。项目实施过程中可能存在的安全事故风险如图4-9所示。

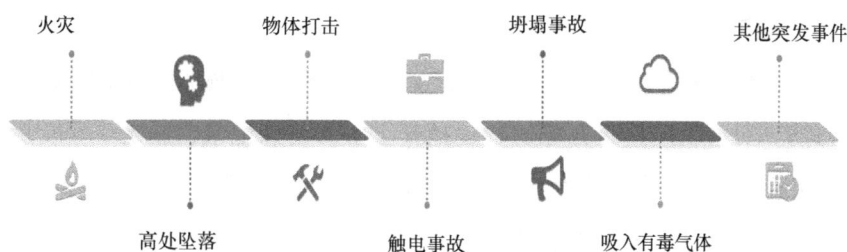

火灾　　　　物体打击　　　　坍塌事故　　　　其他突发事件

高处坠落　　　　触电事故　　　　吸入有毒气体

图 4-9　项目实施过程中可能存在的安全事故风险

数据中心基础设施施工项目中，安全管理体系遵循的相关国家法律法规包括《中华人民共和国建筑法》《中华人民共和国安全生产法》《建设工程安全生产管理条例》等。安全管理体系制度总结如图 4-10 所示。

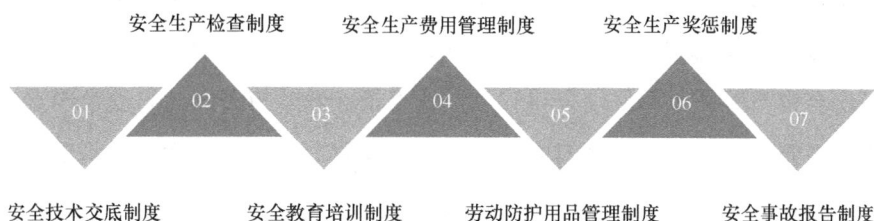

安全生产检查制度　　安全生产费用管理制度　　安全生产奖惩制度

01　02　03　04　05　06　07

安全技术交底制度　　安全教育培训制度　　劳动防护用品管理制度　　安全事故报告制度

图 4-10　安全管理体系制度总结

（1）安全技术交底制度

安全技术交底制度是安全生产中的一项重要制度。在工程施工前，项目部技术负责人应向施工人员详细说明有关安全施工的技术要求，主要包括工程概况、施工方法、施工程序、安全技术措施等内容。两个以上施工班组或不同工种交叉施工时，应根据工程需要向施工人员进行书面交底，明确各自的安全管理范围和内容，以及各自的职责和要求。安全技术交底可组织所有作业人员进行交底，也可逐级交底，但必须签署书面的交底记录。

根据数据中心基础设施项目的特点，在技术交底环节需要对以下几个方面进行重点安全技术交底，包括机房施工安全技术、用电作业、防火、高空作业安全技术交底等。

（2）安全生产检查制度

各级安全生产检查机构需要配置安全员，落实各项安全检查要求，执行各项安全生产检查，归档检查记录，分析案例并总结经验，按月汇总公示检查结果，有效避免安全责任事故的发生。

项目部安全员应每月对每个施工班组至少进行一次安全生产检查。项目部、各施工班组应不定期进行安全生产互检，通过相互学习、取长补短、总结经验、吸取教训，进一步促进安全生产。

在安全生产检查环节,应对日常/例行安全生产检查/巡检做好记录,并保存相关资料,按月整理归档。安全生产检查归档资料包括安全生产培训记录、施工现场交底记录、施工人员意外保险登记、日常安全生产检查/巡检记录,以及现场照片和视频等。项目部安全员每月组织施工班组进行安全学习,并根据每月日常安全生产检查的隐患和安全问题,传达整改要求和措施。

（3）安全教育培训制度

工程项目部应在每年年初开展一次全员安全生产培训工作,制订全年培训计划,建立安全生产教育培训考核档案,通过对典型安全生产责任事故的回顾与反思、对各级安全生产管理规章制度的学习领会、对安全生产操作准则的宣贯,普及安全技术知识,增强施工人员的安全操作技能,防止安全事故的发生。

各级安全生产管理人员必须取得安全员资格证,做到持证上岗。项目部安全员应组织施工人员每月召开一次安全生产专题分析会,从思想管理、制度管理、现场管理、隐患管理、事故处理等方面着手,提出相应的改进措施。

对从事特殊工种的施工人员必须进行特种作业操作证的认证和复审工作,做到持证上岗。例如,电工作业、电焊作业、登高架设作业、起重机械操作作业、有限空间作业等特殊工种。

（4）安全生产费用管理制度

项目部必须按照轻、重、缓、急和实用的原则制定安全生产措施和方案,以及安全生产费用的支出计划,由财务部门安排资金支付。安全生产费用专款专用,不得挪作他用。安全生产专项资金应根据项目的不同阶段对安全生产和文明施工的要求,实行分阶段使用,原则上由项目部按计划进行支配使用,项目部安全员提出申请后,经项目经理批准,财务部门下拨资金。各级安全生产管理部门应对安全生产费的使用建立台账。

安全生产费实行专户核算,在规定范围内安排使用,安全生产费主要用于以下几个方面。

- 完善、改造和维护安全防护设备设施支出。
- 配备、维护、保养应急救援器材、设备支出和应急演练支出。
- 开展重大危险源和事故隐患评估、监控和整改支出。
- 安全生产检查、评价。

- 配备和更新现场作业人员安全防护用品支出。

- 安全生产宣传、教育、培训支出。

- 安全设施特种设备检测检验支出。

- 其他与安全生产费用直接相关的支出。

（5）劳动防护用品管理制度

劳动防护用品是保护施工人员在劳动生产过程中安全与健康的一种预防性辅助物资，是保护施工人员安全健康的最后一道防线。

劳动防护用品的发放和管理，应坚持"谁用工、谁负责"的原则。所有劳动防护用品由采购部门统一采购，并建立台账。劳动防护用品应有"三证一标志"（生产许可证、产品合格证、安全鉴定证及安全标志），劳动防护用品由安全质检部门检查验收。安全质检部门应定期组织培训，确保施工人员能正确使用劳动防护用品。

主要劳动防护用品见表4-2。

表4-2　主要劳动防护用品

类别	序号	防护用品名称	使用场景	配备与使用要求
个人防护用品	1	绝缘鞋	所有施工场景	所有施工人员必须配备并穿戴
	2	安全帽	所有施工场景	
	3	反光衣	马路、夜间室外作业	
	4	绝缘手套	带电作业区、高压输电与供电线附近	数量根据实际需要配备，施工人员必须配备并穿戴
	5	安全带	登高作业	
	6	安全绳	井下作业、有限空间作业、水下作业、吊装作业区	
安全防护设施	7	安全桶（锥）	马路拐角、行车道、井下作业等作业区域	数量根据实际需要配备
	8	警示牌、警示带	室内/室外作业涉及的安全区域，例如路口、电闸等	
	9	灭火器	所有施工场景	所有专业施工队伍必须配备
	10	急救箱	所有施工场景	所有专业施工队伍必须配备

项目涉及的施工场景多，环境复杂，设置必要的安全标志是保证项目安全的必要技术措施。安全标志如图4-11所示。

安全标志是为防止发生事故，确保人身安全，对作业场所中危险点进行提示和指引的设施，建筑施工人员应当认识并按照标志牌的指示进行作业，以避免发生人身伤害事故。

安全色即"传递安全信息含义的颜色"，包括红、黄、蓝、绿四种。红色表示禁止、停止；蓝色表示指令、必须遵守的规定；黄色表示警告、注意；绿色表示状态安全。

建筑施工中，常用的安全标志如下。

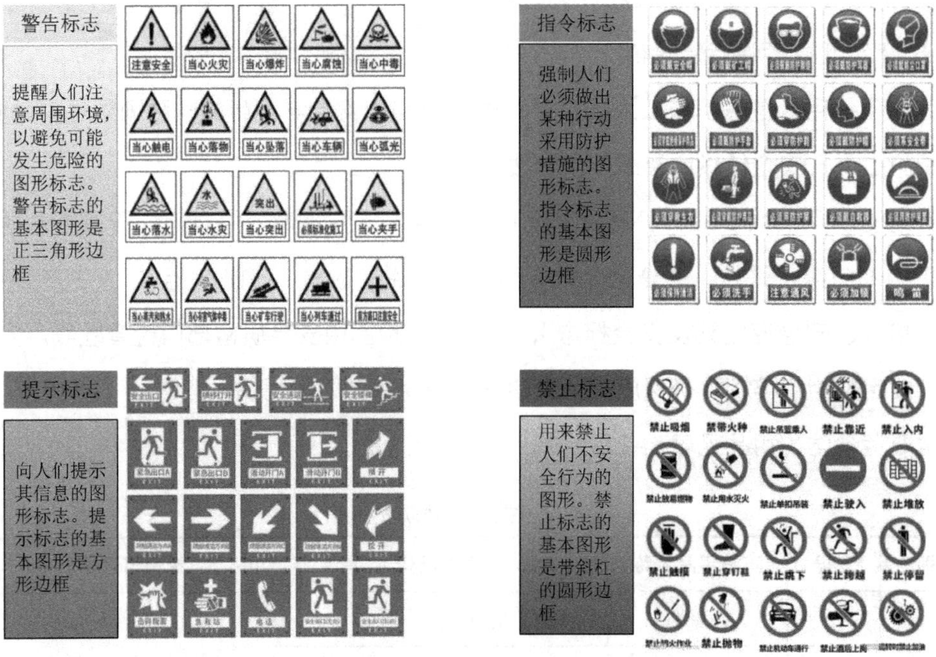

图4-11　安全标志

项目需要设置安全标志的场景主要包括：街巷拐角、道路转弯处、交叉路口；有碍行人或车辆通行处；机房内；楼宇；施工车辆、配电箱等设备设施上。

（6）安全生产奖惩制度

各生产经营部门的负责人也是各级安全责任人，对所在部门的安全生产负责。安全生产奖惩制度是根据安全生产检查的情况和安全事故的情况，对为安全生产作出贡献的部门或个人，给予奖励。对于失职违章作业、违章指挥造成事故者，给予经济处罚和通报；情节严重、触犯刑法者，由司法机关依法惩处。奖励可分为通报表扬、经济奖励等；处罚可分为通报批评、经济处罚、免职、降职、降岗等。

（7）安全事故报告制度

安全事故是指施工过程中突然发生的伤害人身安全和健康，损坏设备设施导致网络中断，以及造成经济损失的意外事件。安全事故发生后，事故现场有关人员应立即实施现场抢救措施，并立即报告项目经理，再由项目经理汇报给建设单位、监理单位。

在伤亡事故发生后隐瞒不报，或者谎报、故意延迟上报、不报，故意破坏事故现场，或者以不正当理由拒绝提供有关情况和资料的，视情节轻重对责任人给予免职、降职、降岗或经济处罚；构成犯罪的，移交司法机关依法追究刑事责任。

4.2.7 协调机制

项目建设过程中需要在相关方之间建立有效的沟通渠道和协调机制，以实现双方之间的无障碍沟通，通过沟通协调，使双方相互信任、尊重、理解，从而为项目实施创造良好的合作关系和工作环境。

在项目管理与实施过程中，与建设单位、设计单位、监理单位等相关单位的协调沟通工作十分重要，建立良好的协调沟通机制，高效完成协调配合工作是工程按计划顺利实施的重要保障，是施工单位服务能力的展现。施工单位应熟悉项目的管理规范与流程，明确工程实施各阶段的协调沟通工作内容，建立以下协调沟通的工作机制。

（1）与建设单位的协调沟通

施工单位在中标后应尽快与建设单位取得联系，办理合同签订等相关事宜，并按照投标承诺做好人员、仪表、车辆等各类施工资源的组织工作。

合同签订后，应尽快与建设单位现场代表取得联系，成立组织管理机构，明确职责分工及与建设单位的主要接口人员，并向建设单位备案，以便施工过程中与建设单位进行联系和沟通。

与建设单位协商确立工程协调例会制度，确定双方文件收发及信息传递的方式等。施工过程中应及时向建设单位或监理单位上报施工情况，及时反馈影响工程进度的各类问题和困难，使问题得到及时有效的解决。

积极参加建设单位或监理单位组织的各类工程协调会、工作例会，就项目执行中存在的问题进行讨论，对会议形成的决议和意见坚决执行。

现场各级员工应服从建设单位和监理单位的统一指挥，对建设单位提出的要求和意见积极主动地接纳或承担，做好相互配合与支持。

（2）与设计单位的协调沟通

施工单位中标后应及时与项目的设计单位取得联系，详细了解项目建设意图，掌握设计思路和工程建设要求，在认真审图的基础上对设计图纸中存在的问题提出相关建议，协助完善施工图设计。

在综合考虑建设单位工期要求的情况下，施工单位应向设计单位提出合理的设计图纸提供时间要求，并安排专业人员跟踪设计进度。

施工单位应严格按照设计图纸进行施工，施工过程中保持与设计单位代表的沟通，施工中出现的设计问题应及时与设计单位代表联系，提出合理的修改建议，并向建设单位、监理单位汇报，在办理设计变更手续未批复前，不应随意变更设计进行施工。

施工单位应为设计单位代表到现场了解施工情况提供便利，对设计要求提供必要的资料。

（3）与监理单位的协调沟通

工程开工后，施工单位应及时联系监理单位，提供项目接口人员信息，以及人员、车辆、仪表配置情况，以便监理单位开展现场监理工作；认真学习并严格执行监理单位的各项监理要求，使监理单位的各项工程指令及时贯彻执行；按合同规定的时间向监理单位提供本标段实施性施工组织设计，严格按监理单位批准的计划，向监理单位提交各种资料、图纸和文件；及时参加监理单位组织的各类工程会议，在会议上就工程问题充分讨论，促进项目各项工作有序推进；及时上报各类工程报表，反馈工程实施过程中存在的相关问题，配合监理单位做好工程质量监督检查和签证工作。

针对施工中存在的隐蔽工程环节，应提前24小时通知监理单位需要验收的地点、部位，并准备好记录表格，完成确认后才能进入下一道工序。施工过程中，工程各部位严格执行"上道工序不合格，下道工序不施工"的原则，确保监理单位能够顺利开展工作。当双方出现意见分歧时，遵循"先执行监理指令，后协商统一"的原则，在现场质量管理工作中，维护监理单位的权威性。

施工单位应确保监理单位及其授权人员能够在任何时间进入施工场所、设备材料库进行检查，保证监理工作的顺利开展。监理工程师到现场检查时，各工作面施工负责人应主动介绍情况和解答问题，并在检查仪器设备、车辆等方面提供协助。

（4）与设备厂家的协调沟通

施工单位需要培养专业工程师，并积累丰富的施工经验，与设备厂家沟通时应坚持互相尊重、互相学习、注重交流、取长补短的原则，积极配合设备厂家工程师的现场调试工作，积累与设备厂家合作的经验并建立畅通的沟通渠道。

工程项目开工前，施工单位应提前与设备厂家取得联系，就设备到货时间进行跟踪和确认，按照预计到货时间准备人员、仪表、车辆的进场时间，并落实现场驻点和仓库分屯点。设备到货后及时与厂家就到货数量、设备类型等进行清单核对工作；施工过程中如遇到货物短缺、错发的情况，应及时与设备厂家联系进行调换。

工程实施与保修阶段，施工单位应与设备厂家明确返修流程，积极配合做好故障板件返修工作。

（5）与维护单位的协调沟通

在工程实施过程中，应积极配合维护单位做好机房出入管理工作，确保机房环境安全、设备稳定运行；在工程竣工交维工作中，认真听取维护单位意见，满足交维对工程质量、竣工资料等的要求，确保工程顺利交维；在工程保修阶段，积极配合维护单位处理工程质量问题，开展故障处理、应急抢修、维护保养等工作，双方相互配合，进行友好沟通协调，做好工程保修与维护工作，确保系统网络稳定运行。

（6）与其他施工单位的协调沟通

在工程实施过程中，涉及不同专业施工单位之间的协调配合问题，包括同时施工、交叉作业、业务割接等情况，施工单位应本着共同服务业主和亲密合作的原则处理相关问题，必要时相互支援，共同推进工程项目整体进度。

要与其他施工单位加强交流，相互学习经验、提高项目管理水平，促进良性竞争，共同提升服务能力。

4.2.8 施工管理的重难点分析

（1）施工图深化设计

施工图深化设计是依据建筑、结构、机电等专业设计资料，结合需要安装设备及材料的实际采购参数和性能，根据施工现场实际情况所进行的更深层次的施工图设计工作，是一套完整的可落地实施的施工图，可用于精准指导施工。

施工单位完成深化设计后，需要通过建设单位、监理单位、设计单位等的审核，方能按图施工。深化设计审核要点如图 4-12 所示。

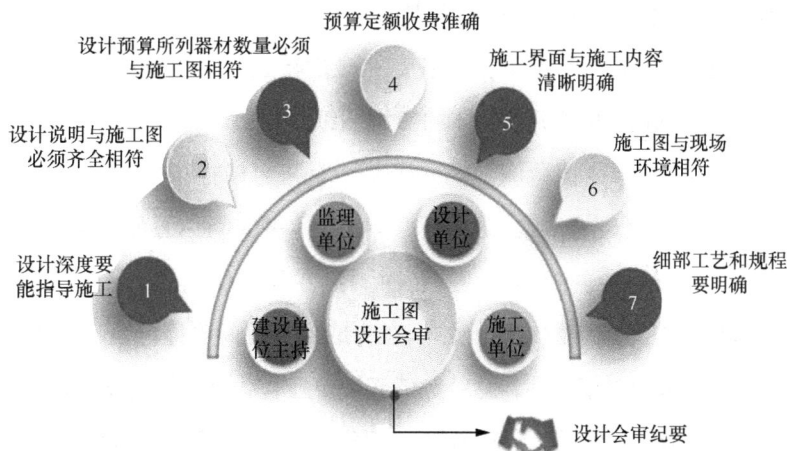

图 4-12 深化设计审核要点

（2）BIM 应用

BIM 以三维数字技术为基础，是集成建筑工程项目相关信息的工程数据模型，是对工程项目设施实体和功能特性的数字化表达。BIM 可在规划、设计、施工和运行全生命周期中充分共享、无损传递，为多方协同工作提供坚实的基础，促进建设工程的技术模式和管理模式变革，加快工程技术升级和管理水平提升。BIM 示例如图 4-13 所示。

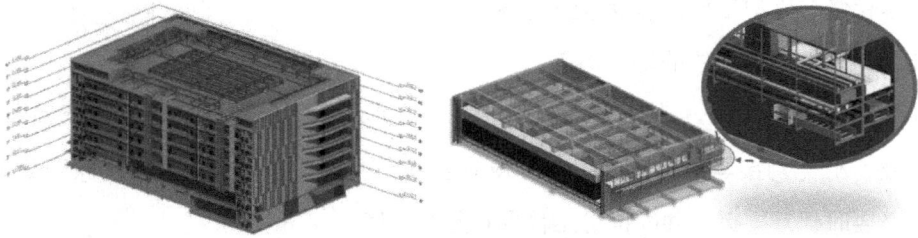

图 4-13　BIM 示例

目前，BIM 越来越多地应用于建设工程中，可以将参建方在设计、施工、项目管理、项目运营等过程中的所有信息整合在统一的数据库中，通过数字信息仿真模拟项目具有的真实信息，为项目的全生命周期管理提供平台。

① 施工准备阶段的 BIM 应用。

施工准备阶段的 BIM 应用，主要用来保障整体工程项目的质量，从施工单位的角度，采用 BIM 技术，对设计环节中可能存在的"错漏碰缺"等问题进行技术改进。同时，对设计图纸中可能存在的不符合施工要求、影响施工进度和质量的问题进行修改，会同设计单位一起进行施工图优化。

第一步根据建设单位提供的全套设计图纸，完成 BIM 全专业建模，提供统一的建模标准和数据标准，构建满足各个阶段使用需求的专业模型。

第二步完成各专业 BIM 三维审图、各专业碰撞检查、机电管线综合优化、设计优化辅助出图，可根据 BIM 提供局部或整体的二维图纸。

第三步通过 BIM 进行碰撞检测。提前查找所有符合碰撞条件的碰撞点，并生成碰撞点列表。每条碰撞点包括碰撞类型、碰撞深度等信息，并且可以查看碰撞的具体三维情况。通过查看报告，找出设计中的疏漏点，并及时调整方案。

第四步可有效解决室内管线综合问题。在完成各专业间碰撞检查、机电工程与建筑工程碰撞检查，并协调解决碰撞点后，继续完成安装专业管线综合优化设计。针对建筑、机房和管线密集的走廊区域，可使用综合支吊架，将管线排布优化到净空最大化并且排布美观。

数据中心项目公共区域中的管线综合一直是较大的施工难点，利用 BIM 进行管线综合模拟，可避免各类别管线之间交叉等现象，并通过提前规划，更好地指导施工。可在施工准备阶段利用 BIM 进行管线碰撞检测，在正式施工前，及时修正审图时发现的问题，并可对施工图进行深化设计，以更好地指导实际施工。

② 施工阶段的 BIM 应用。

施工阶段的 BIM 应用，主要是运用 BIM 对施工过程中的成本、进度、质量、安全、工程文档等进行全面管理。本阶段可结合 BIM-5D 项目管理平台，充分利用 BIM 精细化与可视化特点，对各项施工指标进行精准化的过程管控。BIM-5D 项目管理平台如图 4-14 所示。

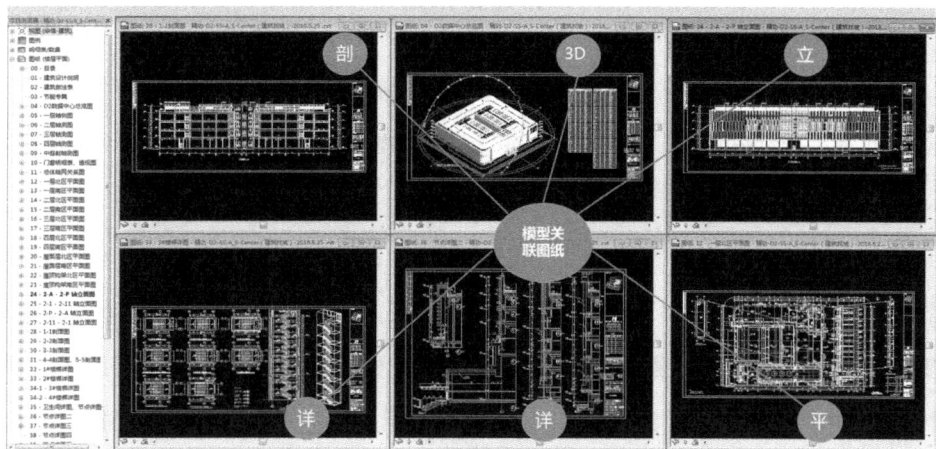

图 4-14　BIM-5D 项目管理平台

具体的 BIM 应用如下。

- **BIM 深化阶段规划**：根据制订的建模规划、数据分析规划、沟通协调规划及技术规划，利用 BIM 进行监督、复核，并出具详细的评价报告。

- **5D 施工模拟**：利用模型数据，结合 BIM 应用平台进行施工进度模拟；协助施工单位对施工方案进行数字化模拟论证，编制最优施工方案。BIM-5D 项目管理平台以 BIM 应用平台为核心，集成土建、机电等各类专业模型，并以集成模型为载体，关联施工过程中的进度、合同、成本、质量、安全、图纸、物料等信息，为项目的进度管控、成本管控、物料管理等提供数据支撑，协助管理人员进行有效决策和精细管理，从而达到减少施工变更、缩短工期、控制成本、提升质量的目的。BIM-5D 项目管理平台可通过手机端进行质量、进度、安全问题采集，计算机端数据集成，云端数据分享，使管理人员全面实时地掌握项目施工情况。

- **工程量统计**：利用 BIM 信息数据，可以精确地完成工程量统计；提供建造中预制构件的 3D 详图和加工数据。将审核通过后的 BIM 信息数据导入 BIM-5D 项目管理平台，可以实时按照区段、时间等不同条件查询各种材料和工程量情况，并生成报表，材料部门和工程部门可以更加合理地确定材料进场的时间和数量。将计价文件导入 BIM-5D 项目管理平台，并与模型关联挂接，可根据合同范围查询对应模型工程量清单。

- 质量、安全管理：将质量安全问题录入第三方软件平台，并在云端和计算机端进行统一管理，这不仅减少了项目质量安全管理人员的数据准备工作量，还减少了与建设单位、监理单位等的沟通成本。

- **施工重点难点技术交底：**运用 BIM 对施工方案进行三维模拟，特别是专项施工方案，经专家论证的施工方案进行可行性优化后，可利用模型或制作交底视频对班组进行可视化交底，针对一些复杂的施工部位可以利用模型漫游或导出节点图片的方式进行交底。

（3）工程变更管理

工程变更是项目实施过程中经常发生的情况，工程变更管理不是拒绝变更，而是通过管理来控制变更，使变更对工程项目的影响有序可控。工程变更管理就是审查变更申请、批准变更方案、更新项目计划、实施变更、监控变更并记录的全过程。因此在工程项目启动时，应建立双方认可的变更管理制度和相关的流程规范，以便指导和规范工程项目干系人的项目变更行为。工程变更管理流程如图 4-15 所示。

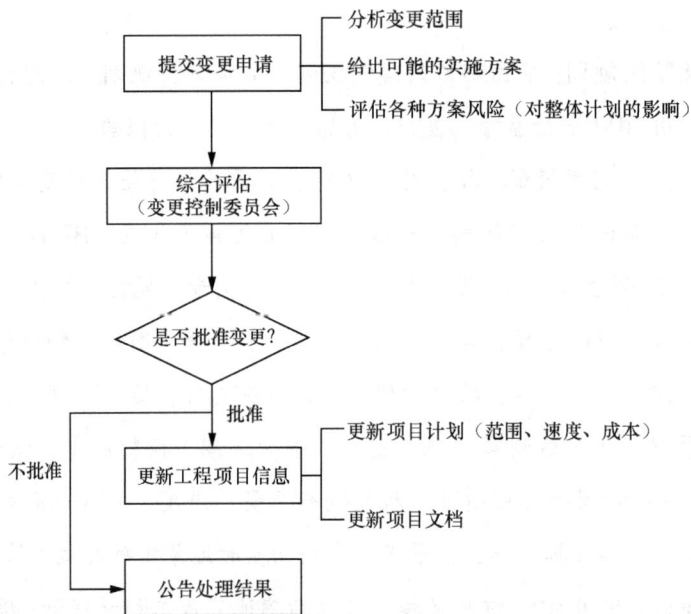

图 4-15 工程变更管理流程

① **工程变更的影响。**

工程变更是影响建设项目进度控制、质量控制和投资控制的重要因素。

- **对投资的影响**：建设单位在项目前期决策、设计阶段，对工程建设内容的考虑不全面，而在项目实施过程中，通过工程变更增加工程建设内容、提高工程建设标准，使建设工程在实施过程中不断追加投资，工程最终投资额超出原本设计概算的范围，可能导致建设工程投资的失控，影响固定资产投资计划的顺利实现。

- **对工期的影响**：频繁的工程变更会打乱正常的作业顺序，造成变更项目紧前工序、紧后工序和相邻工序的暂停，尤其是处于关键线路上的变更项目，其延误必然导致建设项目工期延长。而处于非关键线路上的变更项目，当延误时间超过该项目的总时长时，其超过部分同样会影响建设项目的工期，导致建设项目竣工时间的延迟。

- **对工程管理的影响**：频繁的工程变更会增加业主方和监理工程师的组织协调工作量，打乱业主方和监理工程师的正常工作流程。为处理工程变更，建设单位和监理单位需要召开一系列的专题协调会议，组织业主方、监理单位、勘察单位、设计单位、施工单位对工程变更事项进行研究和协商。一些重大的变更还需要增加施工现场补充勘察和调研环节。总之，由于工程变更的复杂性和不确定性，在处理工程变更时会耗用建设工程与各方的管理资源，降低项目管理效率，增加建设单位的管理费用和监理费用支出，给建设工程的管理带来不利影响。

② **工程变更的控制。**

- 必须明确经过审批的工程设计文件不能任意变更。若需要变更，则应根据变更规定逐级上报，经过审批后才能进行变更。

- 工程变更必须符合工程需要，符合行业标准及工程规范，做到切实有序开展、节约工程成本、保证工程质量与进度的同时，还应兼顾各方利益，确保变更有效。

- 提出变更申请时要上交完整的变更计划，变更计划中标明变更原因、原始记录、变更设计图纸、变更工程造价计划等。

- 工程变更需要现场监理工程师严格把关，根据测量数据、资料审查论证工程变更的必要性，并且做好工程变更的核实、计量与评估工作，做到公平、合理，符合规定程序后方可受理。

- 工程变更批准要在规定时间内进行批复，应严格遵循时间规定，避免出现影响工程进度的情况。

- 工程变更得到批准后，监理单位根据批复意见下达工程变更的指令，施工单位按照变更指令及变更文件要求进行施工。另外，还要相应地减少或增加工程变更费用。

（4）工程的洽商和签证

理论上，现场的洽商和签证也属于工程变更范畴，但其主要特征属于合同外的变更，一般此类变更的范围较小，涉及金额数目小，对工期影响不明显。

① 工程洽商。

工程洽商是指在合同履行的过程中，合同双方针对因履行合同而产生的未尽事宜或者新问题，通过洽商达成一致意见，并形成书面文件的过程。洽商形成的书面文件是新合同，或是原合同的附件。工程洽商一般由施工单位提出，经建设单位认可，也可以由建设单位提出，并经施工单位认可。工程洽商必须经双方认可才能生效。

② 工程签证。

工程签证是施工过程中发现、发生图纸或合同以外的工作内容，施工单位与建设单位针对该工作内容办理的认证文件。现场签证属于由施工单位根据施工合同约定而提出的关于零星用工量、零星用机械设备量、设计变更或工程洽商带来的返工量、合同外新增零星工程量的确认。这些问题的处理必然会产生费用，因此施工单位与建设单位将根据实际处理情况及产生的费用办理工程签证。

据统计，由于工程签证问题所引起的工程结算价的上升幅度可达 15% ～ 25%，个别情况甚至更高，如果不慎重对待工程签证，工程造价控制极易出现漏洞，从而造成资金的大量浪费。因此，加强现场签证管理，堵塞"漏洞"，将现场签证费用降到最低限度，应注意以下问题。

- 现场签证必须是书面形式，手续要齐全。

- 凡合同内或预算定额内有规定的项目不得进行签证。

- 现场签证内容应明确，需要与实际相符，事由要清楚，数量要准确，单价要合理。

- 现场签证要及时，在施工中随发生随进行的签证，应当做到一次一签证、一事一签证，并及时处理。

- 要严格执行三方签证制度，所有的现场签证必须经施工单位项目经理、监理工程师、业主方代表三方共同签字方为有效。签证应一式数份，并及时报送有关部门审核。

（5）工程价款结算

工程价款结算是指施工单位按照合同和已完成工程量向建设单位办理工程价款的清算。工程建设周期长，耗用资金量大，为了使施工单位在施工中耗用的资金及时得到补偿，需要对工程价款进行中间结算（进度款结算）和年终结算，全部工程竣工验收后应进行竣工结算。

2021年11月17日，住房和城乡建设部发布《建设工程工程量清单计价标准（征求意见稿）》，该标准首次提到施工过程结算的概念，即发包人和承包人根据有关法律法规规定和合同约定，在施工过程结算节点对已完成的工程进行当期合同价款的计算、调整和确认的活动。

2022年6月14日，财政部和住房城乡建设部发布了《关于完善建设工程价款结算有关办法的通知》。该通知提出提高建设工程进度款支付比例和明确当年开工、当年不能竣工的新开工项目可以推行过程结算，从而进一步完善建设工程价款结算的规定。

由此可见，施工过程结算是行业发展的趋势。合同双方必须依据合同约定的施工过程结算节点进行施工过程结算。在施工过程结算节点工程验收合格后，施工单位应及时向建设单位递交施工过程结算资料；建设单位必须在约定期限内完成施工过程结算资料的核对、确认工作，并形成过程结算文件，作为竣工结算文件的组成部分。

工程进度款的支付步骤如图4-16所示。

工程量测量　　　提交已完成　　　工程师审核　　　建设单位认可　　　交付工程
与统计　　　　　工程量报告　　　并确认　　　　　并审批　　　　　进度款

图 4-16　工程进度款的支付步骤

施工过程结算资料主要包括已确认计量的完成工程量、工程变更价款、现场签证和索赔价款等资料。另外，涉及材料价差调整方式的按合同约定执行。

在施工过程结算中，常存在过程资料缺失情况，现场签证、工程变更存在补签后审、工程量不实、组价不合理、取费不按相关规定计取等问题，这些问题形成施工过程结算的难点。这就要求合同双方定期收集整理施工过程结算资料，及时解决历史现场签证、工程变更问题，提高造价人员的结算工作质量，提高造价审核人员的业务水平，以此及时有效地推进施工过程价款的结算。

4.3 测试验证

国际上通行的数据中心测试验证的定义是指一个质量检验过程，可用来提高项目实施的质量。整个过程专注于验证和记录主要设施和系统在安装、测试、运行和维护过程中是否符合用户要求。

由于系统复杂、施工难度大、工艺要求高等特点，数据中心基础设施施工项目的机械设备在开机前均需要进行调测，包括电气工程、暖通工程、智能化工程等。调测可进一步分为分部分项调测和系统整体调测。

4.3.1 测试验证的意义

在数据中心设备安装工作完成后，进入测试验证阶段。测试验证是通过对数据中心基础设施的关键设备（单机）、主要系统内（单系统）、各系统间（联合系统）在正常以及故障模拟等工况下进行测试，以验证数据中心的所有基础设施是否符合设计意图、满足功能要求，包括验证施工质量、设备质量、调试质量、各种逻辑功能等。测试验证内容如图 4-17 所示。

| 排查设计 | 排查施工 | 排查设备 | 验证系统 |
| 不合理问题 | 质量问题 | 质量问题 | 能力 |

图 4-17　测试验证内容

在不同的测试验证环节中，工作人员能够检查出项目实施过程中存在的问题，通过对这些问题的排查和解决，确保工程质量，实现既定功能。

① **排查设计不合理问题**。在测试验证过程中，如果出现问题，首先要从源头对设计进行排查。排查工作需要对设计的合规性、系统的合理性，以及设备选型、材料配置、参数设定等多方面进行审查。

② **排查施工质量问题**。因施工质量问题导致测试不合格的，占所有问题的一半以上，例如未按图纸及规范施工、成品保护不到位、电缆虚接或错接、设备参数设置错误等。施工质量的检查需要全面进行，通过核对图纸检查施工情况，并通过专业设备检查各种施工质量。

③ **排查设备质量问题**。设备在设计、生产、运输、安装等各个阶段均可能存在问题，例如设备性能指标不满足设计要求、运输安装过程中元器件损坏等。很多性能及功能性问题在简单的设备调试时无法被排查出来，如果在交付之前未能发现这些问题，在实际使用时尤其是负载越来越高的情况下可能造成灾难性后果。通过模拟带载，可检验设备的标称性能及功能是否达标。

④ **验证系统能力**。由于数据中心电气系统、空调系统的复杂性，在设备调试阶段往往无法验证机电系统的真实性能，例如系统容量、系统联动能力、故障模式等。通过模拟假负载运行系统，可以检验机电系统的真实性能，避免运行期间出现的各种偶然性故障。

通过测试验证，工作人员能够及时发现问题并解决问题，同时积累了大量真实有效的测试数据，为未来数据中心的运维管理提供了数据支持。

4.3.2 测试验证的步骤

通常情况下，测试验证分为 3 个主要阶段，即性能验证、功能验证和运维验证环节。这 3 个阶段是一个循序渐进的过程，只有完成前一个环节，才能进行下一个环节，当 3 个阶段的测试全部通过时，才能认定为通过测试验证。各个阶段的测试结果都应予以记录，并形成书面材料存档。

（1）性能验证

性能验证也被称作单机测试，主要是对设备性能和施工质量进行核查，确保数据中心电力、暖通等基础设施能够支持关键任务负载的一切预期需要。

无论是电气设备，还是空调设备，都需要进行单机测试，以便验证设备的性能及功能。单机测试需要开启假负载以模拟真实情况时的负载及功能。

单机测试应有详细的测试方案及测试流程，需要严谨列明每个测试步骤，并需要征得设备供应商的同意。

主要的单机测试包括对高压柜、变压器、低压柜、不间断电源、列头柜、电源分配单元、发电机、制冷机组、水泵、冷却塔、自动转换开关、蓄冷罐、变频设备等的测试。单机测试完成，证明设备合格后可进行单系统测试。

（2）功能验证

功能验证也被称作单系统测试，主要是对设计及系统可用性进行核查，通过真实带载，并模拟不同负载率的变化，确保各单系统运行符合设计要求，满足功能实现。

单系统是指一个功能单元的集合，例如一组并机的不间断供电系统、一套冷冻水空调等。单台设备合格并不意味着单系统合格，需要对单系统进行实际的验证才能证明其合格。

单系统测试需要制定完整的测试方案及测试流程，每个步骤都需要得到施工单位及设备供应商的认可。

单系统测试的方法主要是通过假负载模拟单系统真实运行时的各种状态，以及故障模式时的各种状态，并通过一定时间的运行，验证单系统是否合格。

主要的单系统测试包括对高压系统、低压系统、不间断电源系统、发电机系统、冷却系统、冷冻系统、控制系统等的测试。单机测试、单系统测试完成，并经整改合格后方可进行联合测试。

（3）运维验证

运维验证也被称作联合测试，主要是对多系统联动、紧急故障应对进行检验，通过预演不同故障及灾难，来获取数据中心不同系统及设备运行的真实数据，同时可通过有针对性的运维优化，将数据中心风险降至最低。

联合测试是指将数据中心所有机电系统作为一个整体进行测试，通过全额假负载模拟真实运行时的各种运行状态及故障模式时的各种状态。进行全额假负载测试需要投入的成本非常高，如果无法获得高额预算则可以适当减少假负载的数量，但建议不少于 25% 的带载量。

联合测试的技术含量在整个测试验证环节中极高，是验证整个系统所有功能的最佳测试方法。联合测试需要所有的施工单位、设备供应商到场执行操作，并严格按修订的操作执行每一个步骤。

4.3.3　联合测试的重点

在测试验证的 3 个环节中，联合测试是最为复杂的，重点包括以下 5 个方面。联合测试的重点内容如图 4-18 所示。

图 4-18　联合测试的重点内容

（1）多系统联动

数据中心的基础设施包括电力、空调、监控、消防等多个系统，这些系统需要协同工作才能保证整个数据中心正常运转。在联合测试中，需要确保各个系统之间的协同工作正常运行，避免出现系统之间的冲突或者错误操作。例如，机房发生火灾时，消防自动报警系统发出声光告警，启动气体灭火系统，联动排烟风机、防火门，同时切断除消防电源之外的其他设备供电。

（2）安全性

数据中心是存储重要数据的场所，安全问题是必须考虑的重点问题之一。在联合测试的过程中，要注意数据中心的物理安全和工作人员的人身安全问题，并严格遵守安全规范和流程，确保数据中心的安全性。

（3）故障处理

在联合测试过程中，可能会出现各种故障，需要及时处理和解决。对于一些难以处理的故障，需要及时联系相关设备供应商寻求技术支持。

（4）负载测试

为了确保数据中心的性能可以满足需求，需要进行负载测试，模拟不同负载情况下数据中心的运行情况，以验证数据中心在设计的容量内是否能正常工作。负载测试涉及多个系统，需要确保测试过程中的负载参数合理，并确保测试数据的真实性和准确性。

（5）可靠性

数据中心是一个高可靠性场所，因此需要确保设备的可靠性和稳定性。在联合测试过程中，需要对设备进行全面的测试和验证，以确保设备的可靠性和稳定性符合要求。

综上所述，数据中心基础设施测试验证是确保数据中心稳定运行、验证建设服务质量的重要步骤。建设单位应秉承以终为始的理念，通过对数据中心基础设施进行全面测试，发现问题并及时解决，从而让数据中心在各种情况下均能正常运营。

4.4　竣工验收

工程项目的竣工验收是施工过程的最后一个阶段，它是建设投资成果转入生产或使用的标志，也是全面考核投资效益、检验设计和施工质量的重要措施。在这个阶段，决算审计、实体验收、质量保证、资料归档、工程移交等都是非常重要的环节。竣工验收阶段的环节如图 4-19 所示。

决算审计　实体验收　质量保证　资料归档　工程移交

图 4-19　竣工验收阶段的环节

4.4.1　决算审计

建设项目竣工决算审计是建设项目审计的一个重要环节，它是指建设项目正式竣工验收前，由审计人员依法对建设项目的正确性、真实性、合法性及其实现的经济效益、社会效益及环境效益进行的检查、评价和鉴证。决算审计的主要目的是保障建设资金合理、合法使用，正确评价投资效果，总结建设经验，提高建设项目管理水平。

通过编制竣工决算报告来明确整个项目不同阶段的费用，从立项到竣工验收之间的具体费用，以及交付使用全过程中需要实际支付的费用等，其反映的是工程建设项目的最终造价。工程决算流程如图 4-20 所示。

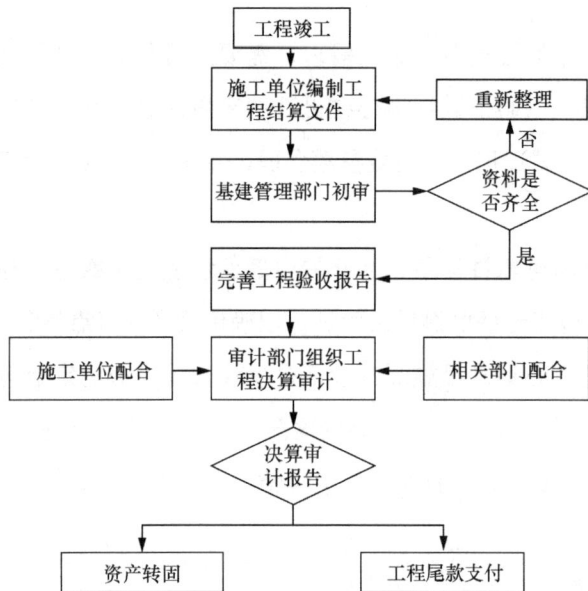

图 4-20　工程决算流程

（1）决算审计的工作内容

① **审查项目竣工决算报告的编制情况**。审计人员应重点了解竣工决算报告编制工作的责任单位、其编制依据是否符合国家有关规定、资料是否齐全、手续是否完备、对项目遗留问题的处理是否合规等。

② **审查项目建设及概算执行情况**。审计人员应重点关注项目建设是否按照批准的初步设计概算进行。在取得项目的竣工决算表后，整理汇总概算与实际投资的对比明细表，将其中实际投资与概算投资出入较大的单项工程作为审查的重点，并在此基础上逐项分析超过概算或节约部分成本的具体内容与原因。

③ **审查交付使用财产**。审计人员应重点关注交付使用财产是否真实、完整，移交手续是否齐全、合规，其中切勿忽略各类备品配件、工器具等的交付移交；同时应关注大额无形资产、流动资产、铺底流动资金是否真实、准确。

④ **审查工程造价真实性和合规性**。审计人员应重点审查成本核算是否完整，关注有无挤占工程成本、提高工程造价、转移建设投资的情况。

⑤ **审查尾工项目**。审计人员应核实尾工项目的未完成工作量和投资，防止将概算外新增项目列作尾工项目，挤占工程投资，或出现大量预留尾工资金的情况。

⑥ **审查项目结余资金**。审计人员应审查实际投资是否控制在总投资范围内，未使用的工程物资的账务处理是否得当。重点审核库存物资，防止隐匿、转移、挪用库存物资。审查是否存在虚列债权债务，隐匿、转移项目结余资金的问题。

⑦ **关注基建收入的情况**。审计人员应关注各项工程建设副产品的变价收入、试生产收入，以及各项索赔和违约金等其他收入，相关收入是否及时入账，核算是否真实、完整，有无隐匿、转移收入的问题，是否按照国家相关规定计算分成，是否足额上缴或归还建设贷款。

⑧ **审查投资包干结余**。审计人员应分析设计概算执行情况，正确核算项目投资包干结余指标，防止将未完成工程的投资作为包干结余参与分配。

（2）审核工程造价的要点

① **整体把握工程成本**。审计人员应重点关注各类设计变更、现场签证、材料价差等工程结算，特别是工程结算时对于各类成本费用的调增调减。通过审查其支撑性资料来判断其真实性、分析合法合规性，对于结算资料存疑的可具体延伸至资料提交方，要求其提供资料原件和相应的财务资料。

② **重点核查施工工程量**。审计人员应比对招标工程量、施工图量、竣工图量，结合设计变更或工程联系单的具体内容，核查分析施工工程量的准确性。由于施工工程量的计算量大且烦琐，可以有重点地审查投资比例较大的分部分项工程，此外，施工工程量的计算也可作为评价设计单位工作质量的依据。

③ **审核工程物资材料用量及价差**。审计人员应审核工程物资材料用量，根据基本建

设项目的特征选择主要工程物资材料，审查主要工程物资材料采购合同、入库单或施工现场接收单（例如施工单位、监理单位、材料供应商、甲方代表的四方签证量）、耗量表等。由于各地市场材料价格不一且波动较大，材料的价差审核有一定难度，特别是对于时间较早的工程项目进行取证的难度更大。一般可对比线上平台、建筑市场、材料供应商之间的价格，来确定较为真实的材料价格。

④ **审核工程定额的套用**。审计人员应重点关注由于定额缺项或定额使用条件不符而发生的高估冒算、弄虚作假问题。要审核竣工决算报告中所列工程项目、规格、计算单位是否与所套用的定额相符，是否有高套、错套现象。应重点审核价高、工程量较大或定额子目容易混淆的项目，保证工程造价准确。

4.4.2 实体验收

数据中心基础设施的实体验收是指建设工程项目竣工后，由建设单位会同行业专家、设计单位、施工单位、监理单位和设备供应商，对该项目的设计、施工和设备安装质量进行全面检验后，取得竣工合格资料、数据和凭证的过程。

整体项目符合国家相关规定，能满足设计要求、功能和使用要求，能提供必要的文件资料、齐全的竣工图表，即可准予验收，并完成各方的会签手续。对于不能满足设计要求的项目应提出整改方案，对于不合格项目产生的原因进行必要分析，并提出合理的整改措施，报送监理单位审批执行。整改后，由施工单位邀请监理单位和建设单位相关代表人员对该项目进行重新验收。

（1）实体验收需要具备的条件

① 完成建设工程设计文件和合同约定的各项内容。

② 有完整的技术档案和施工管理资料。

③ 有工程使用的主要材料、构配件和设备的进场试验报告。

④ 有勘察、设计、施工、工程监理等单位分别签署的质量合格文件。

⑤ 有施工单位签署的工程质量保修书。

（2）实体验收的主要工作内容

① 检查工程是否按批准的设计文件建成，配套、辅助工程是否与主体工程同步建成。

② 检查工程质量是否符合国家颁布的相关设计规范及工程施工质量验收标准。

③ 检查工程设备的安装、调试情况。

④ 检查项目的投资使用、工程造价情况，以及竣工决算报告编制情况。

⑤ 检查系统测试及综合测试结果、运行试验情况。

⑥ 检查工程配套附属设施是否按设计文件建成且合格，工器具、常备材料是否按设计要求配备到位，防雷接地及抗震设防措施是否符合规定。

⑦ 检查工程竣工文件编制完成情况，竣工文件是否齐全、准确。

4.4.3 质量保证

《建设工程质量管理条例》规定，建设工程承包单位在向建设单位提交工程竣工验收报告时，应向建设单位出具质量保修书。质量保修书应明确建设工程的保修范围、保修期限和保修责任等。

建设工程质量保修的承诺，应由承包单位以建设工程质量保修书这一书面形式来体现。建设工程质量保修书是一项保修合同，是承包合同约定双方权利与义务的延续，也是承包单位对竣工验收的建设工程承担保修责任的法律文本。

建设工程质量保修制度是指建设工程竣工验收后，在规定的保修期限内，因勘察、设计、施工、材料等原因造成的质量缺陷，应由承包单位负责维修、返工或更换，由责任单位负责赔偿损失的制度。

《建设工程质量保证金管理办法》规定，建设工程质量保证金（保修金）是指发包人与承包人在建设工程承包合同中约定，从应付的工程款中预留，用以保证承包人在缺陷责任期内对建设工程出现的缺陷进行维修的资金。

在建设工程正常竣工验收的情况下，保修期的起算时间为：以参加竣工验收各方正式签署验收合格报告之日作为保修期的起算时间，此前承包单位应递交保修金 / 保函。在约定的缺陷责任期满时，承包单位向建设单位申请到期应返还承包单位剩余的保修金，建设单位应在 14 天内会同承包单位按照合同约定的内容核实承包单位是否完成缺陷责任。如无异议，建设单位应当在核实后将剩余保修金返还承包单位。

4.4.4 资料归档

随着工程竣工、审计和过程决算完成，整个项目的建设阶段已接近尾声，建设过程的各个阶段都存有大量的项目资料，在最后阶段应将这些项目资料进行整理，分类归档。

建设项目档案是为了见证整个工程的全过程，真实记录工程建设的原始完整信息。项目档案保留了工程项目的技术知识和经验，为今后的工程项目提供参考和借鉴，具有很高的工程价值。从项目申请环节到验收环节，完整准确的项目资料能为日后的工程运维或改建等方面提供可靠有力的依据和凭证。

收集项目资料贯穿了整个工程项目的建设过程，一般可以分为工程准备阶段文件、监理文件、施工文件、竣工图、竣工验收文件 5 个部分。

- **工程准备阶段文件**：包括立项文件；建设用地、征地、拆迁文件；可行性研究及批复文件；勘察设计文件；招投标及合同文件；开工审批文件；工程概预算等财务文件；建设单位、施工单位、监理单位机构设置、资质及人员任命文件等。

- **监理文件**：包括监理规划及实施细则；工程质量、进度、安全、造价控制文件；监理定期报告及专题报告等。

- **施工文件**：包括施工技术准备文件；施工现场准备文件；设计变更、工程洽商及施工联系文件；工程事故处理记录；施工原始记录及汇总；隐蔽工程验收记录和阶段性工程验收记录；施工试验记录及汇总；施工过程性观测记录；功能性试验记录；施工原材料、构配件、设备质量证明文件及抽样检测报告；竣工测量资料；工程质量检验评定文件等。

- **竣工图**：包括项目建设工程全套纸质竣工图及相应的 CAD 电子文件。国家标准或政府部门发布的通用图集不用归档。经批准的工程可提交 PDF 格式竣工图电子文件。

- **竣工验收文件**：包括工程竣工总结及评估报告、工程验收记录、工程交工验收报告、工程竣工验收报告及验收证书、竣工决算报告和审计文件等。

工程所有的全过程资料应按照不同类别进行分类编目，一级一级最终汇成 5 个部分。按照文件归档的信息编制一份目录，文件依次装盒，规范填写档案盒上各个项目名称并编号，编号要统一连贯，最后汇总所有文件目录，方便后期快速查阅档案。

4.4.5 工程移交

数据中心基础设施施工项目验收完成后，由施工单位将整个工程移交给建设单位或使用单位。工程移交包括工程资料移交和工程实体移交两个部分。工程资料移交包括工程项目在设计、施工和验收过程中所形成的技术文件、财务文件。工程实体移交表明工程的保管要从施工单位转为建设单位或使用单位，应按工程承包合同约定办理工程实体移交手续。

工程竣工验收前，项目部必须按当地工程技术资料管理规定，完成工程技术资料的整理、组卷、自查工作，为工程竣工验收提供充分条件，按相关程序报送监理单位或者业主方审查，然后在出具相关审查意见后，办理相关移交手续。

数据中心基础设施施工项目一旦验收通过，该项目便进入移交阶段。施工单位提交该项目的移交建议方案，负责组织、提交工作范围内该项目完整的竣工图纸、设备系统调试及运行报告、备用材料表、操作及用户维修手册，同时按照国家相关规定编制成册并呈交国家相关单位。

① **工程资料移交**。移交内容：包括全套工程实施文档、系统测试文件、用户培训文件、系统维护文件、质量保证文件、竣工验收文件、系统设计文本、设备材料清单、平面布点图、线路施工图、系统原理图、设备安装图、机房布置图、特殊附件安装图、设备安装接线图、系统操作手册、系统维护手册、系统测试数据、设备及系统调试报告，以及产品技术说明书等完整的相关资料。

② **工程实体移交**。移交内容：所有管理人员和施工人员清场；所有房间钥匙编号交接；所有施工机械设备、办公设备清场；施工垃圾处理完毕；施工废料、边角余料清退；结清与大楼协作单位之间的往来费用等。

4.5　项目认证

随着移动互联网、大数据和云计算的深入发展，数据中心行业的市场需求越来越大，对数据中心的建设标准也开始形成明显的等级划分态势。数据中心按照某种标准进行建设，或者按照某种标准测试来确定其符合某个等级。

近年来，高可靠性及高安全性的数据中心成为主流选择，而早年的规范标准已经无法完全满足行业的发展需求。目前公认的、权威的数据中心认证等级标准是 Uptime Tier 认证、CQC 认证及 TÜV[1] TSI 认证。数据中心业主方也越来越倾向于利用认证等级标准来提高数据中心基础设施架构的设计水平，规避项目实施及运营的风险点，从而提高数据中心全生命周期的安全性及可用性。

在国际上，Uptime Tier 认证最为广泛使用，通过评价基础设施的可用性、稳定性、安全性，将数据中心分为 4 个等级，分别是 Tier Ⅰ、Tier Ⅱ、Tier Ⅲ 和 Tier Ⅳ，其中 Tier Ⅳ 是最高等级。

CQC 认证是中国质量认证中心提出的一种认证等级标准，将数据中心等级分为 A、B、C 共 3 级，A 级最高，根据 CQC 9218—2015《数据中心场地基础设施评价技术规范》

1　TÜV 是德语 Technischer überwachungs Verein 的缩写，意为德国技术监督协会。

进行测试验证，规范数据中心等级认证。

TÜV TSI 认证是德国技术监督协会提出的一种认证等级标准，根据《信息技术质量检测与独立监督》对数据中心进行测试与验证，TÜV TSI 认证等级标准分为 L1～L4 共 4 个等级，L4 最高。

4.5.1　数据中心认证意义

数据中心由于业务支撑及功能的要求不同，其基础设施的架构、安全性、建设及运行效率和成本有很大的差异，选择合适的数据中心功能及级别，对数据中心建设的决策者意义重大。可靠性要求过高，会造成投资和运行成本偏高，可靠性要求过低又无法满足业务及生产安全需求。因此，如何根据行业特点和业务需求的差异，合理规划、科学设计、建设可靠安全的数据中心，成为数据中心规划及建设阶段迫切需要讨论的问题。具体来说，数据中心认证具有以下 5 点意义。

① **提升数据中心的可靠性**。数据中心认证包括对数据中心基础设施、电力供应、网络连接等多个方面的审核评估，通过认证可以保证数据中心的运作稳定可靠，减少故障和停机时间。

② **提高数据中心的安全性**。数据中心认证要求严格的物理和逻辑安全措施，包括防火墙、入侵检测系统、视频监控、备份和恢复等。通过认证可以确保数据中心提供的服务安全可靠，保护客户的数据不被泄露、攻击或破坏。数据中心认证还可以发现施工安装阶段工艺上的不规范之处，及早发现可能影响运维的隐患点，及早处理相关问题，以确保各设备和系统具备加载条件，方便数据中心的运维。

③ **获得市场竞争优势**。数据中心认证是一种资质证明，可以帮助数据中心服务商在市场上获得更强的竞争优势，吸引更多的客户，获得更多的业务。

④ **提高客户满意度**。数据中心认证可以使数据中心服务商更加重视服务质量和客户需求，从而提高客户满意度。

⑤ **减轻监管压力**。数据中心认证还包括对数据中心的法律、监管和合规性要求的审核评估，通过认证可以减轻数据中心服务商的监管压力和法律风险。

4.5.2　Uptime Tier 认证

（1）认证要求

Uptime Institute 创建了数据中心认证等级标准 Uptime Tier，用于评估数据中心基础设施的建设方法。Uptime Tier 认证等级标准确立了数据中心机房基础设施 Tier 分级的 4 种不同定义（Tier Ⅰ、Tier Ⅱ、Tier Ⅲ、Tier Ⅳ），以及用于确定是否符合这些定义的性能确认测试。Uptime Tier 分级及定义见表 4-3。

表4-3 Uptime Tier分级及定义

等级	Tier Ⅰ	Tier Ⅱ	Tier Ⅲ	Tier Ⅳ
定义	基本容量	冗余容量组件	可并行维护	容错

每个等级都可以进行 4 种认证：设计认证（Tier Certification of Design Documents）、建造认证（Tier Certification of Constructed Facility）、运营认证（Tier Certification of Operational Sustainability）、管理和操作认证（Tier Certification of Management and Operations），这 4 种认证的含金量依次升高，且进行后一种认证时需要先完成前一种认证。

① 认证机构。

Uptime Institute 成立于 1993 年，是数据中心标准组织和第三方认证机构。它凭借多年的全球关键设施和数据中心咨询经验，创建了 Management & Operations Stamp of Approval 认证（M&O 认证），是关于数据中心基础设施标准化运营管理的专业认证。

② 评价范围。

Uptime Tier 认证等级标准的制定原则是为了一致地描述维持数据中心运营所需的机房基础设施，并描述其可能对数据中心冗余与故障停机时间造成的影响。Uptime Tier 是有效评估数据中心设计建造的可靠性与可用性级别的方法。Uptime Tier 认证等级标准主要包括以下内容。

- 电气参数。
- 冗余。
- 地板承载。
- 电源。
- 冷却设备。
- 无故障时间。
- 造价等。

（2）认证等级

Uptime Tier 认证等级标准主要针对数据中心物理基础设施（即风火水电等系统）的可用性及可靠性，是目的导向性标准，并非规范性设计方法或所需设计清单。依据 *Data Center Site Infrastructure Tier Standard：Topology* 的规定，数据中心机房基础设施等级可分为以下 4 级。

① **Tier Ⅰ：基本型**。Tier Ⅰ级别的数据中心可以接受数据业务的计划性和非计划性中断。要求提供计算机配电和冷却系统，但不一定要求高架地板、UPS 或者发电机组。如果没有 UPS 或发电机系统，这将是一个单回路系统并将产生多处单点故障，在年度检修和维护时，这类系统将完全宕机，遇到紧急情况时宕机的概率会更高，同时，操作故障或设备自身故障也会导致系统中断。

② **Tier Ⅱ：冗余组件**。Tier Ⅱ级别的数据中心的设备具有冗余组件，以减少计划性和非计划性的系统中断。这类数据中心要求提供高架地板、UPS 和发电机组，同时设备容量设计应满足 $N+1$ 备用要求，单路由配送。当有重要的电力设备或其他组件需要维护时，可以通过设备切换来实现系统不中断或短时中断。

③ **Tier Ⅲ：并行维护（全冗余系统）**。Tier Ⅲ级别的数据中心允许支撑系统设备任何计划性的动作而不会导致机房设备的任何服务中断。计划性的动作包括规划好的定期维护、保养、元器件更换、设备扩容或减容、系统或设备测试等。大型数据中心会安装冷冻水系统，要求双路或环路供水。当其他路由执行维护或测试动作时，必须保证工作路由具有足够的容量和能力支撑系统的正常运行。非计划性的动作（如操作错误、设备自身故障等）导致数据中心中断是可以接受的。当业主方有商业需求或有充足的预算时，Tier Ⅲ级别的数据中心机房应可以方便地升级为 Tier Ⅳ级别的数据中心机房。

④ **Tier Ⅳ：容错系统**。Tier Ⅳ级别的数据中心要求支撑系统有足够的容量和能力规避任何计划性动作导致的重要负荷停机风险。同时容错功能要求支撑系统有能力避免至少 1 次非计划性的故障或事件导致的重要负荷停机风险，这要求至少两个实时有效的配送路由，$N+N$ 是典型的系统架构。对于电气系统，两个独立的（$N+1$）UPS 是必须要设置的。但根据消防电气规范，发生火灾时允许消防电力系统强行切断。Tier Ⅳ级别的数据中心机房要求所有机房设备双路容错供电。同时应注意 Tier Ⅳ级别的数据中心机房支撑设备必须与机房 IT 设备的特性相匹配。

（3）认证等级标准

Uptime Tier 认证等级标准的创建是为了对维持数据中心运营所需的基础设施做出全球一致的性能标准要求。针对不同 Tier 的要求，所有子系统和系统必须具有相同的机房正常运行时间目标。整个机房的 Tier 评级受制于影响机房运营的最薄弱子的系统。因此，机房的 Tier 评级并非取决于机房基础设施子系统的评级平均值，而是单个子系统评级的最低值。

数据中心 Uptime Tier 认证等级标准包括以下 5 点要求。

①　Tier Ⅰ级数据中心要求：为 IT 设备提供服务的单条非冗余配电路径的非冗余容量、组件、基础站点基础设施，预计可用性为 99.671%。

②　Tier Ⅱ级数据中心要求：符合或超过所有 Tier Ⅰ级要求的冗余站点基础设施容量组件，预计可用性为 99.741%。

③　Tier Ⅲ级数据中心要求：符合或超过所有 Tier Ⅱ级要求，为 IT 设备提供多条独立的配电路径。所有 IT 设备必须是双来源供电，并且与站点架构的拓扑完全兼容，可并行维护站点基础设施，预计可用性为 99.982%。

④　Tier Ⅳ级数据中心要求：符合或超过所有 Tier Ⅲ级要求，所有冷却设备都是独立双功率的，包括冷却器和加热器、通风和空调（HVAC）系统。容错站点基础设施具有电力存储和配电设施，预计可用性为 99.995%。

⑤　停机时间的差异：正常运行时间是确定数据中心等级的一个关键因素。根据实际应用，99.671%、99.741%、99.982% 和 99.995% 之间的正常运行时间差异看似不大，但其导致的结果可能是显著的。不停机是一种理想状态，各 Tier 等级允许在一年内不可用的服务时间如下所述。

Tier Ⅰ级（99.671%）状态允许 1729.224min 或 28.817h。

Tier Ⅱ级（99.741%）状态允许 1361.304min 或 22.688h。

Tier Ⅲ级（99.982%）状态允许 94.608min。

Tier Ⅳ级（99.995%）状态允许 26.28min。

（4）认证种类

①　**设计认证。**

设计认证对数据中心设计图纸从系统架构、操作性能、维护性能等方面进行图纸评审，审核通过后颁发设计认证证书。

自 2014 年 1 月 1 日以后颁发的 Tier 设计认证证书将在授标日期后两年届满。如果建造和调试验收出现延误，通过认证项目可申请设计认证延期。Uptime Institute 对提供的合理性证据进行审查，满足要求后将设计认证进行延期。

②　**建造认证。**

建造认证先通过 Tier 设计认证的图纸对数据中心实体建造进行符合度检查，再验证在设计负载条件下数据中心的运行性能、测试要求是否满足 Tier 认证的目标。

建造认证的有效期为直到认证部分的基础设施被修改为止，包括对设计文件中提交审查的容量、组件、分配路径的任何更改。

③ **运营认证。**

通过设计认证和建造认证后，再进行运营认证。运营认证是对数据中心进行现场访查，以审查基础设施的管理，评估现有的人员配置、培训、维护计划等。根据现场审查进行评估，依据评估结果颁发运营认证金、银、铜牌证书（金牌有效期为 3 年，银牌有效期为 2 年，铜牌有效期为 1 年）。

④ **管理和操作认证。**

管理和操作认证不需要通过设计认证和建造认证，可单独进行认证。管理和操作认证需要对数据中心进行现场访查，以审查基础设施的管理，评估现有的各项过程和计划等。根据现场审查进行评估，依据评估结果颁发许可站点管理和操作认证（M&O 证书有效期为 2 年）。

4.5.3　CQC 认证

数据中心认证最早只有美国公司 Uptime Institute 制定的 Uptime Tier 认证等级标准，但由于认证规则不同、本地兼容能力缺失，Uptime Tier 认证在中国并不完全适用。至今 Uptime Institute 在中国只颁发"设计认证"，即只对设计图纸进行认证，而无法提供工程实体的认证。

2008 年，我国出台了针对数据中心的国家标准 GB 50174—2008《电子信息系统机房设计规范》，提出了将数据中心划分为 A、B、C 等级的概念，却没有配套的认证规则与认证主体。行业中的一些社团组织、检测机构出于市场行为，自行通过"第三方验收"等手段，以不规范的授牌、颁证等方式提供机房等级"认证"。但是这样的认证缺乏公信力，缺乏获证后监督等保障机制，客户认可度低。

2015 年 5 月，中国质量认证中心（CQC）正式发布了 CQC 9218—2015《数据中心场地基础设施评价技术规范》。作为中国首部拥有自主知识产权的数据中心认证规范，该规范明确了数据中心认证的等级划分、数据中心认证的方法，说明了认证机构、认证流程等业界所关心的问题。

随着国家有关部门对数据中心行业的规范化管理，数据中心认证业务正式步入有据可依、有章可循的良性发展阶段。

（1）评价范围

根据 CQC 9218—2015《数据中心场地基础设施评价技术规范》，数据中心场地基础设施主要为电子信息设备系统提供运行保障的设施，包括主机房、辅助区、支持区和行政管理区（可以是一幢建筑物或建筑物的一部分）内为电子信息系统提供运行保障的设施。

数据中心场地基础设施等级认证的评价范围主要包括以下内容。

① 建筑与防火。

② 位置及设备布置。

③ 建筑与结构。

④ 环境系统。

⑤ 电气系统。

⑥ 空气调节系统。

⑦ 布线。

⑧ 环境和设备监控系统。

（2）认证等级

由 CQC 负责组织，对现场审核与见证测试报告、申请材料进行综合评定。数据中心场地基础设施认证可被划分为 3 种情况，详见 4-4。

表4-4 数据中心场地基础设施认证

设计标准	CQC 等级认证
GB 50174—2017	基础级（相当于 GB 50174—2017 的 C 级）； 标准级（相当于 GB 50174—2017 的 B 级）； 增强级（相当于 GB 50174—2017 的 A 级）
YD/T 5235—2019	A+ 级（YD/T 5235—2019 A+ 级）； A 级（YD/T 5235—2019 A 级）； B 级（YD/T 5235—2019 B 级）； C 级（YD/T 5235—2019 C 级）

（3）现场审核依据标准

CQC 认证是根据设计依据的不同而使用不同的认证技术规范来审核认证。

按照 GB 50174—2017《数据中心设计规范》设计的数据中心场地基础设施，依据 CQC 1324—2018《数据中心场地基础设施认证技术规范》中第 4 章的技术要求进行审核。

按照 YD/T 5235—2019《数据中心基础设施工程技术规范》设计的数据中心场地基础设施，依据 CQC 1337—2021《通信行业数据中心基础设施认证技术规范》中第 4 章的技术要求进行审核。

（4）现场见证测试依据标准

按照 GB 50174—2017《数据中心设计规范》设计的数据中心场地基础设施，依据

CQC 1324—2018《数据中心场地基础设施认证技术规范》中第 4 章的技术要求及第 5 章的测试方法进行见证。

按照 YD/T 5235—2019《数据中心基础设施工程技术规范》设计的数据中心场地基础设施，依据 CQC 1337—2021《通信行业数据中心基础设施认证技术规范》中第 4 章的技术要求及第 5 章的测试方法进行见证。

（5）认证审核评价内容

根据 CQC 9218—2015《数据中心场地基础设施评价技术规范》，数据中心场地基础设施等级认证的评价方法由现场审核（收集查看报告，包括验收报告、型式试验报告等）和现场见证测试组成。评价所涉及的技术要求依据 GB 50174—2017《数据中心设计规范》和 GB/T 2887—2011《计算机场地通用规范》的要求测试验证。由中国计量科学研究院负责现场审核及见证测试，中国质量认证中心负责评价，依据得出的评价结论颁发证书。认证审核具体包括以下内容。

① **工程建设资料，具体包括以下 7 个方面。**

- 设计院的设计方案说明。
- 各专业的施工图。
- 电气系统和制冷系统的操作逻辑。
- 施工单位的竣工图纸和变更资料。
- 设备材料的性能指标和检测报告。
- 单机调试记录和系统验收报告。
- 第三方检测验证单位的检测验证方案、检测验证报告、型式试验报告等涉及设计、产品、施工、调试、检测、验收的全过程资料与报告等。

② **测试合规性审核，具体如下。**

对由第三方检测验证单位担负的数据中心基础设施与机房环境所做的专业检测活动和结果进行审核，指出并纠正不符合规范的检测。此过程除对检测结果进行认证评价，相关过程可能需要第三方检测验证单位及各设备产品与工程商进行现场确认。

③ **现场综合审核，具体包括以下 4 个方面。**

- 查阅工程建设资料、检测验证报告，对项目现场状况、评估的审核内容等认证审核评价。
- 认证审核评价要求：数据中心等级认证审核评价是为了验证设计目标、技术要求与施工质量，在进行数据中心机房环境与关键设备系统的检测验证的基础上，通过认证实现对各参与方工作成果的体现与认可。

- 依据 CQC 9218—2015《数据中心场地基础设施评价技术规范》的评价内容和要求，最终得出数据中心是否符合增强级数据中心的结论。
- 依据 CQC 数据中心等级认证的相关规定，提交本数据中心认证评级的证明材料，最终获取本数据中心项目等级认证证书。

（6）认证流程

根据 CQC 9218—2015《数据中心场地基础设施评价技术规范》，无论是新建数据中心还是在用数据中心，都可以遵照以下流程申请等级认证。

① 现场见证前。

- 由业主方提供营业执照（复印件）。测试人员协助业主方填写申请书（注意数据中心的名字，后期变更非常困难），将填写好的申请书（电子版）和营业执照（复印件）电子版发给中国计量科学研究院，申请证书编号。
- 有编号后，将其填写到申请书上，并打印申请书和营业执照（复印件），业主方确认无误后加盖公章，发给中国计量科学研究院。
- 项目进场前向中国计量科学研究院提交现场测试计划，并与中国计量科学研究院见证人员确认测试计划：中国计量科学研究院见证人员会根据现场测试计划安排到现场见证，并告知中国质量认证中心（CQC）。
- 收集认证需要的资料。

② 现场见证中。

- 见证人员到场后需要组织业主方代表、测试现场负责人召开首次会议（需要做会议纪要，并填写现场审核及见证测试会议签到表）。
- 参观现场。
- 测试现场负责人协助见证人员进行认证资料审核，填写数据中心场地基础设施现场审核记录表。
- 根据现场测试计划进行测试工作，由见证人员现场见证测试过程，见证内容见现场实验记录表，系统联动测试时见证人员一定要在场见证。
- 现场资料不符合或测试不达标，测试现场负责人协调业主方进行整改，整改方案一定要先和见证人员进行确认。整改完成后测试现场负责人协助见证人员填写对数据中心整改的验收意见，还需协助见证人员和业主方填写不符合项和观察项。

- 测试现场负责人协助见证人员填写数据中心场地基础设施评价报告。
- 现场见证测试结束后，由见证人员组织业主方代表、测试现场负责人召开测试认证末次会议（需要做会议纪要并填写现场审核及见证测试会议签到表），协助见证人员和业主方确定不符合项、观察项、数据中心场地基础设施评价报告，并由业主方代表签字。

③ 现场见证后。

- 测试现场负责人整理需要提交的纸质版和电子版资料清单，根据模板编写 CQC 检测报告，完成后由现场见证人员审核，确认报告的最终版本。
- 打印最终版本的 CQC 检测报告，并由主检人、审核人和批准人签字，报告需要加盖公司公章，送至中国计量科学研究院。
- 提交的资料和检测报告经确认后，以邮件方式通知该项目的销售经理（或者商务负责人）可以申请 CQC 证书。
- CQC 检测报告的电子版、测试过程的资料（测试的照片、测试数据的原始记录表）交由部门助理存档。

4.5.4 TÜV TSI 认证

TÜV TSI 认证涵盖了欧洲数据中心标准 EN 50600，借助德国 TÜViT 机构研发的 TSI 标准目录进行认证，使数据中心运营商、服务器托管商、云基础设施提供商信任认证结果。依据 TSI/EN 50600 认证的物理安全确保数据中心的可使用性。

① 认证目的。

确保数据中心基础设施安全可靠运行，避免各种危险对运维人员造成人身伤害和财产损失（危险包括电击或触电、温度过高或火灾、机械方面存在的危险、放射性危险、化学性危险）。

② 评价范围。

TÜV TSI 认证是指对数据中心场地基础设施的建筑工程检验与评估，以及 CE 认证，其等级认证的评价范围如下。

- 建筑结构。
- 电气系统。
- 暖通系统。
- 弱电系统。

- 消防系统。

- 给排水系统等。

③ **认证机构**。

TÜViT 机构是目前全世界唯一提供全系列信息技术质量确保与信息安全的测试、评鉴和培训的认证机构。

④ **认证等级**。

TÜV TSI 认证等级标准分为 L1 ～ L4 共 4 个等级，L4 最高。

L1：中等保护要求 / 中等可使用性（与德国联邦信息安全办公室发布的基准保护目录的基础设施要求相对应）。

L2：更高的保护要求 / 更高的可使用性（在前述评估方面的基础上有附加要求）。

L3：高级保护要求 / 高可使用性（供应配件的完全备份 / 部分路径备份，保证有效元件没有故障点，可同时维护）。

L4：特高级保护要求 / 最高的可使用性（没有环境风险，先进的物理入口控制，出现警报时，干预时间最少）。

⑤ **认证流程**。

TÜV TSI 认证的流程如下。

- 客户提供产品说明书、电路原理图。

- 客户确认报价，回签报价合同并填写申请表。

- 寄送样品至相关单位。

- 相关单位对产品进行预测试，包括低电压指令（LVD）和电磁兼容性（EMC）。

- 如果测试未通过，则进入产品整改流程；如果产品测试通过，则直接进入下一流程。

- TÜV 认证工程师到现场进行目击测试。

- 目击测试后，提供测试数据给 TÜViT 机构。

- TÜViT 机构出具测试报告和证书（例如 TÜV-MARK、TÜV-GS、菱形 PSE 等）前，需要进行验厂认证，验厂合格后才可出具证书报告。

05

第五章

运维管理

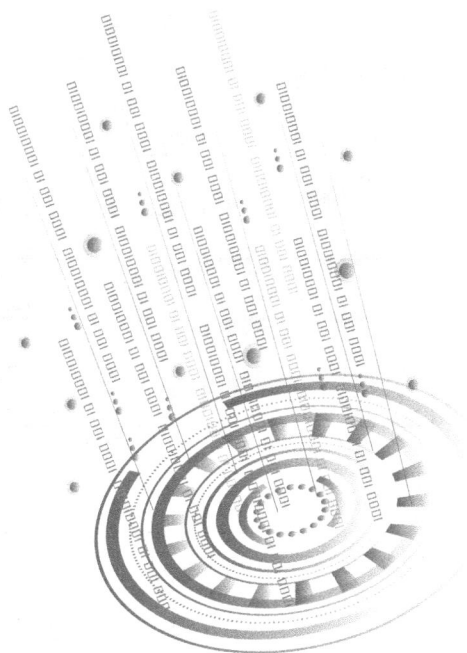

在数据中心完成建设施工、竣工验收和工程移交后,其基础设施即进入运维管理阶段。为确保数据中心持续高效运行,维护其安全性和稳定性至关重要。数据中心运维管理是确保数据中心正常运行的关键环节。

数据中心的运维工作主要包括基础设施运维和 IT 运维两大类。本书的着重点在于数据中心的基础设施,即供电、暖通和信息智能化部分。

数据中心运维管理主要包括人员管理、接维管理、体系建立、培训演练和运维开展。

5.1 人员管理

数据中心是一个拥有诸多系统的复杂机构,要让数据中心高效安全地运转,需要一支技术实力雄厚的运维团队。良好的管理机制、充分配置的运维人员和不间断的专业培训考核是数据中心安全运行的重要保障。

5.1.1 人员组织

数据中心基础设施运维团队大体上由运维主管、专业技术工程师和现场值班人员 3 个部分组成。人员组织框架如图 5-1 所示。

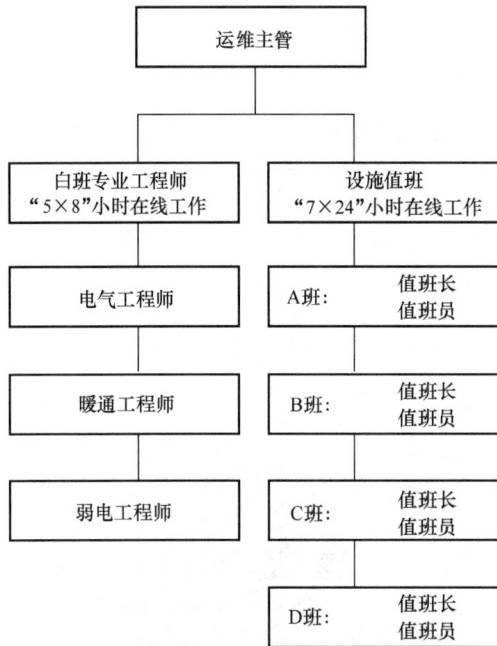

图 5-1 人员组织框架

数据中心要求实行 24 小时值班制，全天候的值班可以将数据中心故障的发生率降低 50%。这要求在值班组织中安排轮班，一般采用 8 小时轮班制或 12 小时轮班制。每班都需要由不少于 2 人组成班组，并要求由资深运维人员担任值班长。运维主管和专业技术工程师作为二线人员采用正常的"5×8"小时工作制，并随时处于待命状态，为突发状况提供技术支持。

另外，例如安保、保洁等后勤工作，一般由物业单位负责，并受运维主管的监督和指导。

5.1.2 人员培训

人员培训形式包括理论课程、实践操作、案例分析、培训考核等，可由公司内部培训团队或外部专业培训机构提供。同时，定期参加相关行业的研讨会和培训活动也是持续学习和更新知识的重要方式。

制度规范： 学习数据中心运维的基本流程和制度规范，确保运维工作的标准化和高效性。

基础知识： 了解数据中心的构成、组织架构及各种设备参数与系统设置。

日常维护： 掌握机房的环境管理，包括温度、湿度、通风等；学习如何使用数据中心的监控系统和报警系统，进行实时监控、报警及紧急响应。

故障排查与维修： 学习故障排查的方法和步骤，熟悉常见故障的分析和解决方案，提高故障处理能力，并掌握维修设备的基本技能。同时还要学习制定灾难恢复方案的步骤和方法，以提高应对灾难事件的能力。

安全管理： 了解数据中心安全管理的重要性，学习如何防护和应对安全威胁。

监控与性能优化： 学习使用监控工具和技术，监测和优化数据中心的性能。

5.1.3 人员考核

考核数据中心运维人员对于保障数据中心的稳定运行、提升运维效率和质量、强化安全管理意识、促进团队协作与沟通等都具有重要意义。因此，建立完善的运维人员考核体系，并定期考核，可以不断提升运维团队的整体能力。

理论考核： 组织理论测试，评估运维人员对数据中心运维管理的理论知识的掌握程度。考试内容包括数据中心基础知识、机房管理、硬件和网络知识、安全管理等方面。

技能考核： 组织实践操作考核，评估运维人员在实际操作中的技能水平。通常是设计某些实际场景，要求运维人员完成相关任务，例如故障排查、设备维修、数据备份恢复等。

项目实践评估： 让运维人员参与数据中心的实际项目，通过在项目中的表现来考察其对项目的管理能力、解决问题的能力、团队协作能力等。

口头面试：通过提问和讨论来评估运维人员的沟通能力、解决问题的能力和适应能力。

绩效评估：在实际运营中，定期进行绩效考核，以评估运维人员的工作表现，包括工作态度、责任心、工作效率、专业技能等。

反馈和改进：定期与运维人员进行交流，了解其培训后的工作进展和需求，并根据运维人员的反馈及时调整培训计划，并提供必要的支持和指导。

通过以上考核办法，可以比较全面地评估运维人员的能力和素质，帮助公司确定他们是否适合担任相应职位，并提供进一步的培训和发展机会。

5.2　接维管理

接维管理是数据中心运维管理的重要内容之一，应在项目规划和建设期介入，从而有效地监控和管理数据中心的各项工作。即在规划设计和建设施工过程中注重对设备和网络、电力和暖通等基础设施的规划和布局，以及工程建设质量监控和管理等，以确保其满足数据中心的运行需求。

5.2.1　计划制订

计划制订的过程需要运维团队与各相关团队广泛合作和沟通，确保信息共享和相互协作。同时也要根据实际情况进行灵活调整和变更，以适应不断变化的需求和挑战。

明确需求：明确数据中心的需求和目标，包括业务需求、容量需求、安全需求、性能需求等内容。与业务团队进行沟通，了解其对运维管理的期望和要求。

收集信息：收集数据中心的相关信息，包括设备信息、系统架构图、网络拓扑、资源利用情况等。这些信息将帮助运维团队更好地定位问题和制订计划。

评估现状：对数据中心进行评估，查看其运行状态和存在的问题，包括硬件设备的状况、软件系统的稳定性、安全漏洞等内容。基于评估结果，确定需要解决的关键问题和改进点。

制定目标：根据需求和评估结果，制定明确的目标和优先级。设定明确的时间表和里程碑，以追踪进度和衡量成果。

制订计划：基于目标和优先级，制订详细的计划，包括资源调配、人员安排、工作流程、风险管理等内容。确保计划可行、合理，并考虑各种因素的影响。

实施和监控：按照计划执行工作，同时建立监控机制来跟踪进展和评估效果。及时调整计划，解决问题，并与团队成员和各相关团队进行协作与沟通。

评估和改进：在计划执行完毕后，进行评估和反馈，总结经验教训，并提出改进意见，这将为未来的计划制订提供有价值的参考。

5.2.2 建设阶段

（1）建设前期工作内容

搭建运维团队：首先组建运维团队，优先保障核心人员到岗；其次，招聘运维班组，建议运维主管全程参与招聘全过程，从简历的搜索、面试到与应聘者保持生活、工作方面的持续沟通；最后，完成运维团队搭建工作。

熟悉和解读图纸：组织运维人员熟悉施工图纸（包括但不限于柴发、电气、电源、给排水、暖通、信息智能化、装修），并将打印成册的纸质图纸携带到施工现场分专业、分楼层、分房间进行核对，及时反馈施工现场与施工图纸有出入的，以及不利于日后运维的地方，形成一份问题表，每日滚动更新，跟进建设团队整改效果，直至闭环。

跟进工程进度：参与工程日例会，了解施工工程进度，例如柴发到货、安装日期、冷机吊装进入冷冻站的工序及安装操作项等。实时对齐施工进度，检查安装工艺。

运维团队搭建组织测试验证招标：根据施工图纸及设备清单开始编写测试验证招标文件，组织招标工作。确保在设备完成调试前一个月确定测试验证服务单位。

运维管理体系：编制数据中心运行管理文档，例如值班管理制度、例会管理制度、机房施工管理制度、设备上下架管理制度、上下电管理制度、标签标示管理制度、备品备件管理制度、门禁管理制度、工具仪表管理制度、库房管理制度、资料档案管理制度，以及设施运维部门职责、培训、考核管理、团队建设管理等。

（2）建设中后期工作内容

测试验证方案审核：确定好测试验证服务单位后，应尽快组织编写测试验证方案并审核，对测试验证方案细则内容提出合理的修改建议，并根据工程施工可交付的工作面实时提出对于方案中测试时间的调整。同时要求测试验证单位开始准备人员、假负载、测试工具等。

管理流程制定：运维服务合同、SLA及对支撑文档的解读，拆分、细化形成对应的变更管理流程、事件管理流程、问题管理流程、知识库管理流程。

运维培训：运维梯队专业技能培训的形式主要为专业理论知识及现场完工区域设备模拟操作培训，内容包括但不限于各类子设备之间的关系，电、油、水路控制逻辑，安全生产培训，各类管理制度宣贯等。

5.2.3 测试验证

按工程交付的测试界面及测试验证方案开展测试验证工作，运维团队需要全程配合测试验证工作。原因有以下 3 点。

监督测试验证方实行的工作是否到位，过程中运维方可以根据经验对测试验证方提出测试验证方案未具体定义的测试项。

运维团队在测试验证工作中深度掌握设备控制、切换逻辑、设备标准操作流程、应急操作流程等。

为后续编辑 4P 文档（SOP[1]、EOP[2]、MOP[3]、SCP[4]）提供技术经验。

5.2.4 运维验收

问题整改：大力推进施工单位对客户、运维方、测试验证方提出的问题进行整改。可按 A 类问题 100% 的比例、B 类问题 100% 的比例、C 类问题 90% 的比例整改。例如机楼墙体渗水、设备精保洁、查找隐蔽工程问题，上述问题需要运维人员跟进并落实整改。数据中心验收问题占比较多的分别是孔洞封堵、标识标签、保洁卫生、渗水漏水等。

验收文档工作：数据中心验收管理方面包括数据中心验收内容、文档清单、设备验收移交记录表、数据中心验收问题列表等。供应商管理方面包括合同研究分析、供应商通讯录整合、供应商级别明细列表、供应商服务报告模板制定等。

5.3 体系建立

体系建立是数据中心运维管理的另一个重要环节。通过建立一套完善的制度体系，可以使数据中心运维管理的工作流程和操作规范化。体系建立包括制定安全管理制度、应急处理程序等，并建立相应的监督和评估机制，以确保运维工作按照制度要求有序进行。做好数据中心运维管理制度建设，可以为数据中心的安全运行保驾护航，使各项运维流程更标准、更流畅、更实用。

数据中心主要的运维管理制度包括事件管理制度、安全与风险管理制度、变更管理制度、维护管理制度、故障处理制度、应急管理制度等。

运维流程应在工程建设阶段的验收测试过程进行开发和验证，并在运维阶段定期更

---

1 SOP（Standard Operation Procedure，标准操作程序）。
2 EOP（Emergency Operation Procedure，应急操作流程）。
3 MOP（Maintenance Operation Procedure，维护操作流程）。
4 SCP（Site Configuration Procedure，配置流程）。

新和优化。

5.3.1 事件和应急管理

事件管理的目的在于对机房的突发状况进行快速判断及处理，以确保机房能够快速恢复安全稳定的运行状态，把对业务的影响降到最低，确保 SLA 的达成。数据中心事件管理制度应包含事件信息记录、事件分类、事件分级、事件应急处理、事件通报与升级，以及事件关闭。

事件管理全流程如图 5-2 所示。

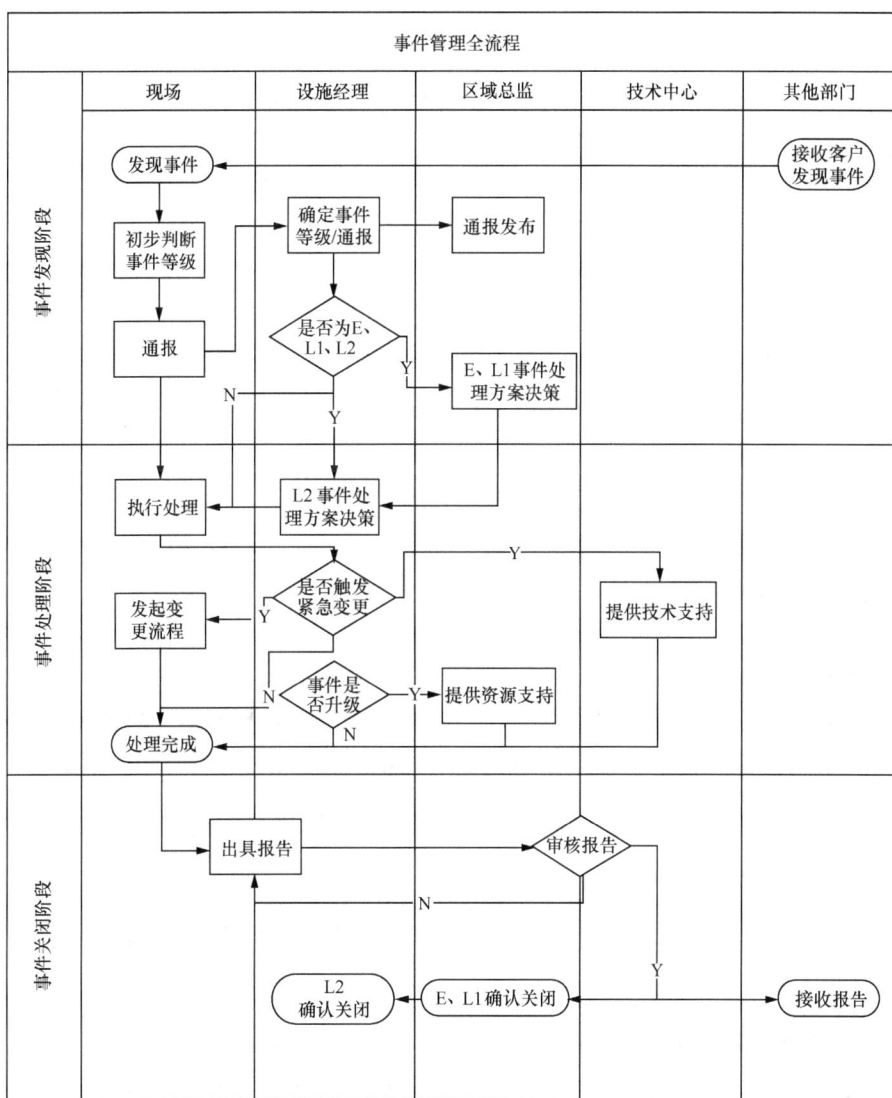

图 5-2 事件管理全流程

应急管理的目的在于明确数据中心发生故障时应急处理的组织架构、岗位职责；作用是规范应急处理流程与通报升级机制，提高面对突发事件的组织指挥能力和应急处理能力，保障应急指挥调度能够高效有序展开，快速恢复机房业务，满足客户 SLA。

应急管理流程用于规范应急管理时的流程及操作步骤，主要包括：自然灾害（暴雨、地震、台风）、安防、火灾、市电掉电、供冷中断、信息安全等；任何一个突发情况都不是单一专业能够完全处理的，在发生突发情况时，需要多系统、多专业协同处理。在制定具体的应急处理文件时，应根据机房具体情况尽量涵盖可能出现的所有场景。应急管理流程如图 5-3 所示。

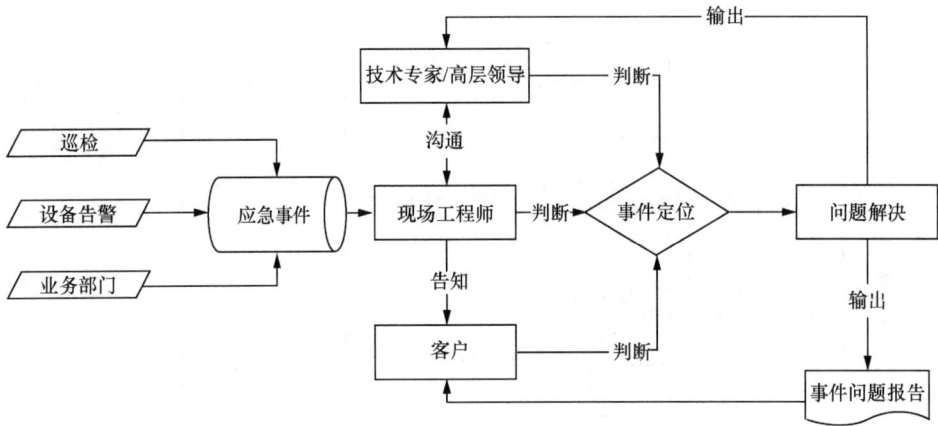

图 5-3　应急管理流程

5.3.2　安全和风险管理

（1）安全管理

基于数据中心自身对于可靠性和稳定性的高标准要求，构建运维场景的安全体系并严格执行，是数据中心运维管理的重要措施。数据中心是比较特殊的运营场所，对安全工作要紧抓不放，坚持"安全第一、预防为主"的方针，加强安全监督管理，降低因疏忽或不规范操作带来的风险和影响。

数据中心运维的安全管理，主要从人员组织、系统运行、信息保障和环境影响 4 个方面进行。

- **人员组织**：应设立专门的安全管理团队，承担安全管理责任，定期开展安全隐患排查，监督安全管理执行。同时不定期地组织安全知识培训，使团队人员清楚了解每台设备的安全要点，知道每种行为过程的安全知识，熟悉发生安全事故时的处理办法，真正落实"安全第一、预防为主"的方针。

- **系统运行**：数据中心的供配电系统、制冷系统、监控系统、安防系统、信息系统等都需要进行精密管理，相互协同。运维管理就是对这些系统进行全方位的监控和调整，确保数据中心能够安全稳定运行。

- **信息保障**：数据中心是运行和存储数据的载体，信息安全工作不仅要保障基础设施系统本身的配置信息和运行信息处于安全状态，同时也为数据处理系统建立和维持技术和管理提供安全保护，其目的都是使各类硬件、软件、数据不因偶然和恶意的原因而遭到破坏、篡改和泄露。

- **环境影响**：数据中心对运行环境的要求非常严格，数据中心建设规范中对机房内的温/湿度、洁净度、防静电、电磁场干扰强度等都做出了规定。同时，机房内要求禁放易燃易爆物品、设置合理的防雷接地系统、提供符合要求的接地电阻等，以保障数据中心安全稳定运行。

（2）风险管理

数据中心运维团队应对重大危险源进行登记建档，并定期检查、评估、监控，并制订应急预案，告知相关人员在紧急情况下应当采取的应急措施。

危险源识别与风险评估是整个安全管理体系的核心部分，其目的是评估危险发生的可能性及其后果的严重程度，以确保最低事故率、最少的损失、环境的最小破坏。整个体系的建立是立足于各项危险源识别与风险评估成果之上的，以危险源识别与风险评估的成果为基础，建立健全预防各种危害或风险的机制、措施和方案，从而达到"安全第一，预防为主"的目的。

安全风险评估主要由3个步骤组成：危险源识别、定性或定量的风险评估、控制风险的措施与管理。

5.3.3 维护和维修管理

（1）维护管理

维护管理是指对数据中心设备进行定期检查、保养和维护的工作，包括以下内容。

设备巡检：定期巡视数据中心设备，检查设备是否正常运行，判断设备有无异常或故障。

清洁和维护：定期清洁设备、机柜和服务器，清扫灰尘和杂物，保持设备的正常运行和散热效果。

电力和冷却管理：监控电力供应和冷却系统，确保设备正常供电和合适的温度控制。

系统更新和升级：及时进行操作系统和软件的更新和升级，以提高设备性能和安全性。

数据中心维护作业分为两大类：自维项目和厂维项目。其中，自维项目为数据中心运维人员自行开展的工作，一般较为基础、风险较低、不涉及变更，例如柴油发电机空载测试、电池内阻、电压测量等。厂维项目是需要设备供应商到数据中心进行维护的项目，一般风险较高、涉及设备内部，需要设备停机拆开进行检查，涉及变更，例如 UPS 年度维护、柴油发电机四滤更换等。

（2）维修管理

维修管理是指处理和修复数据中心设备故障的过程，包括以下内容。

故障排查：对设备发生的故障进行调查和分析，找出问题的根本原因。

维修工单：创建维修工单，并记录相关故障信息、维修步骤和修复情况。

维修计划：制订维修计划，包括优先级、资源分配和工作时间等，以确保及时修复设备故障。

供应链管理：管理设备零部件的供应链，确保能够及时获取所需的替换部件。

维修管理分为技术资料管理、设备人员维修管理和设备供应商维修管理。其中，技术资料管理包括随机资料、用户手册、维护维修手册、产品培训手册、使用说明书等，且技术资料应放置在指定位置，方便查阅。设备人员维修管理是将设备维修落实到人，根据岗位职责熟悉和掌握本人分管的设备；设备维修需要根据风险等级安排维修人员，包括设备风险和人身伤害风险。设备风险是指可能由误操作直接导致客户生产业务中断的事件；人身伤害风险是指在维修作业过程中可能出现的触电、高处跌落等事故，必须由一人监督一人及以上人员执行操作。设备供应商维修设备时，需要由设备运维人员全程跟踪，对维修过程进行监督和记录。值班人员要认真做好交接班工作，交代好接班人员已完成的工作内容和后续的工作任务。

5.3.4　容量和能效管理

数据中心运行维护除了保证各系统的正常运行，还需要关注各系统（包括空间）负载使用率是否达到设计要求和运行效率是否最优。本节着重介绍数据中心的容量管理和能效管理。

（1）容量管理

管理数据中心容量有两个目的：一是确保各系统在最佳的带载能力下运行；二是防止

超载引发故障，造成服务中断和损失。

每一个数据中心在运行维护中都需要掌握数据中心各系统（包括物理空间）容量的使用情况，容量管理包括：电力容量、制冷容量、机房空间容量。有条件的数据中心还可扩展到网络端口和带宽、承载业务运行的电子设备处理能力的容量管理等。

- 电力容量应计量总电力、变压器电力、动力设备电力、照明及辅助区电力、UPS容量和每个机柜的电力容量使用情况。
- 制冷容量应计量总制冷、机房区域的制冷，宜计量到机架制冷量使用情况。
- 机房空间容量应计量总空间容量、区域空间容量、每个机柜的空间容量使用情况。

数据中心通过容量管理可实现对数据中心运行管理的预测，提高数据中心资源的利用率，科学和精细化规划数据中心的扩容和发展。通过容量管理可分析相关的历史数据，评估业务需求的同时具备预测未来业务需求的能力，为各种基础设施组件提供预测、咨询的功能，主要用于了解数据中心是否具备足够的基础设施容量来支持机房负荷，确保机房可靠运行，注重资源的分配，避免不必要的资源浪费。

（2）能效管理

数据中心是耗能大户，国家和各级政府高度关注数据中心的能耗情况，出台了相关的能耗管控政策。数据中心不仅要注重设计和建造时的能效和节能措施，更需要做好运行维护中的能效精细化管理，确保运行中的能耗达到或优于设计指标。

数据中心能效管理的目的在于规范基础设施运维中心能效管理日常工作，提高运行能效，保障基础设施安全、稳定、高效运行。

数据中心能效管理的主要工作包括：设定数据中心能效目标；协调提供数据中心能效目标实现的技术、产品和方案；负责数据中心能效管理结果的考核；开展能效研究，收集评估节能技术，测试实际节能效果，总结节能实施效果及方案；协助开发、运维部门执行国家政策，接受各级检查。

数据中心应建立信息智能化能效管理平台，采用自动化的监控系统和智能仪器仪表实时采集相关系统、设备的能耗，并进行系统分析，提供报告评价。

采集和测量的数据应满足以下要求。

- **完整性要求**：涵盖数据中心运行环境中各系统的能耗，并做到连续采集、测量和记录各系统的能耗，保障各系统的能耗数据不缺失。
- **颗粒度要求**：可按照设备、系统、区域、时间统计能耗。
- **精细度要求**：可按照时、天、周、月、季、年统计，如果无特殊说明，可按照春季（3

月～5月）、夏季（6月～8月）、秋季（9月～11月）、冬季（12月～2月）划分。

信息智能化能效管理平台应能够对采集和计量的能耗数据实施统计和分析，实现对区域、系统、设备的能耗的分析，实现实时、日、月、季、年的能效数据的统计，并按照要求生成设备、系统、区域和时间段的能耗分析报告。

能耗分析报告应能够对能效进行评价，能效评价包含：数据中心综合能效、设计能效符合度、空调系统能效、水资源能效、供电系统能效、局部能效、绿色节能等方面的评价，有条件的数据中心也可包括 IT 设备（系统）运行的效率评价。

5.3.5 变更和台账管理

变更管理是以受控的方式去论证、审批、实施和评估所有对系统运行产生影响的增补、移除、更改等变更内容，使变更风险及与变更相关的突发事件的影响降至最低，并且确保所有变更都是可被追溯的管理过程。

数据中心基础设施运维过程中会面临各种因素的变化，为了保证运维目标的实现，需要对设备的软硬件进行相应的部分变更或全部变更，对这些已发生和即将发生的变更进行规范管理是运维管理工作的重要组成部分。

按照变更目的分类，变更主要包括：故障解决、预防问题、升级部署、主动性改善、业务需求五大类。

运维台账是对数据中心进行日常运行维护和详细记录的一种管理方式，目的在于规范数据中心基础设施的清单填写、完善设备维修维护台账记录、保障设备历史信息可追查。运维台账记录了数据中心各系统的相关信息，包括硬件信息、软件信息、配件信息、保修时间、升级日期等，以便更好地管理和维护，并能够更快、更准确地做出决策。

运维台账的内容应包括设备信息、故障统计、维护统计、淘汰设备等清单；机房接到运维后的 3 个月内完成设备信息填写；机房设备有新增或更新时，应在一个月内完成设备信息更新。

在进行数据中心运维台账管理时，应注意以下 4 点。

- **保证信息的真实性与准确性**：台账体现了各系统的具体情况和运行数据，如果记录不实或遗漏信息，会给后期的维护和管理带来巨大的隐患。用正确的方式记录信息不仅可以降低管理风险，还可以保证系统的安全性。

- **保存历史记录**：当异常事件出现时，通过查看运维台账，管理员可以很方便快速地分析和确定问题原因。同时，历史数据能在数据中心运维过程中为多方面的问题提供有用的线索。

- **及时更新**：在台账中记录的信息应及时更新，保证信息的时效性。同时，需要确保每一项信息的准确性，例如保修日期、批次号、安装日期等信息都应据实记录，以免因信息错误产生不必要的失误。
- **定期检查**：需要定期检查和整理台账，将问题记录在日志中，跟踪问题解决的情况，以确保台账的正常使用。

5.3.6 供应商管理

数据中心基础设施运维涉及的专业广泛，对设备维护、维修响应时间有着极为严格的要求。运维人员不可能独立承担所有的技术与维护工作，既要聘用一批懂配电系统、制冷系统、消防系统、弱电系统等维护维修技能的专业人员，还要聘用一批精通 IT 系统、网络系统的相关软 / 硬件人员，这无疑大幅增加了数据中心的运维成本。所以，数据中心建设单位需要与众多服务于数据中心的供应商建立良好的战略合作关系。

数据中心基础设施供应商是指在数据中心基础设施的运行中提供设备或材料供应、软件开发与应用支持、各类技术服务的单位或组织。供应商管理就是为实现供需双方约定的服务目标，针对各类供应商进行的评估、选择、签约、考核、奖惩、验收、淘汰等一系列的管理工作。对于基础设施运维工作中的供应商管理，更多的是对基础设施服务的供应商或者是已经完成选择的供应商进行相应的管理，达成提高管理绩效的目的。

供应商管理以确保现场快速解决供应商问题、确保优质供应商不流失为目的，明确了供应商相关管理要求，以保证数据中心能够有效控制供应商给数据中心带来的相关风险。

整个供应商的管理流程包括分类管理、信息管理、实施管理和评分管理。

5.4 培训演练

此外，数据中心运维管理还需要进行人员培训演练。通过定期组织培训和演练活动，提升运维人员的技能水平和应急响应能力，使其能够更好地应对各类突发情况，保障数据中心的稳定运行。

5.4.1 培训管理

制定完善的培训制度能够让员工更好地了解公司的概况和规章制度，快速适应工作环境，熟悉自己的岗位职责、工作流程等，掌握与业务相关的知识，具备基本的专业技能。

培训主要包括新员工培训、在岗员工培训和供应商培训等。

新员工培训：现场需要针对新入职的员工（包括其他项目外派员工）制订新员工培训计划，并应依据文档维护清单内的现场文档更新情况，进行年度定期回顾，更新计划内容，帮助新员工快速地掌握现场情况，提高其上岗能力。

在岗员工培训：现场需要针对在岗员工进行培训管理，并应依据现场文档的成熟度，制订现场可执行的年度培训计划；应在年底对次年的培训计划进行更新，更新内容应参考项目的接维年限、在岗人员的能力提升程度、现场人员及设备更替迭代的情况等因素，不断拓展培训项目的范围和深度，从而达到不断提升现场人员运维能力的目标；同时，现场应及时对在岗员工通过培训形式宣贯总部发布/更新的文件。

供应商培训主要包括新建或改扩建项目的供应商培训、现场自主改造项目的供应商培训等。

培训考核主要包括笔试部分和现场实操两部分。笔试部分即在培训结束后，出具笔试问卷，参与培训的学员需要在规定的时间内完成试卷，根据卷面分数进行评定；现场实操即培训结束后，出具实操试题，进行实操或模拟实操的考核，根据员工的操作步骤和处理水平进行评定。

培训流程如图 5-4 所示。

5.4.2　演练管理

为做好应急管理工作，确保数据中心应急工作落到实处，通过组织现场团队开展应急演练，能够进一步查找 EOP 文件/应急预案中存在的问题，优化、完善、提高 EOP 文件/应急预案的实用性和可操作性。此外，演练工作能够进一步检查现场所需的应急队伍、物资、备件、技术、资源等方面在应对突发事件时的准备情况，同时能够增强演练人员的现场应急配合和处置能力，以及对 EOP 文件/应急预案的熟练程度。

演练分类：主要包括桌面演练、跑位演练和实操演练等。

演练计划：应根据现场实际情况，在每年年底制订/更新下一年度演练计划；演练计划中应明确演练类型、演练实施区域、演练负责岗位；演练计划场景应丰富全面，与 EOP 文件相呼应，也可在一个复杂演练场景中包含多个 EOP 情景；演练计划的排期分布，应按演练内容贴合真实场景进行，例如"防汛演练"应尽量安排在夏天雨季来临前完成演练；每个演练场景应覆盖全部班组，每次演练应按照最小班组人数执行，白班专业工程师可担任二线指导、支持、评估的角色。

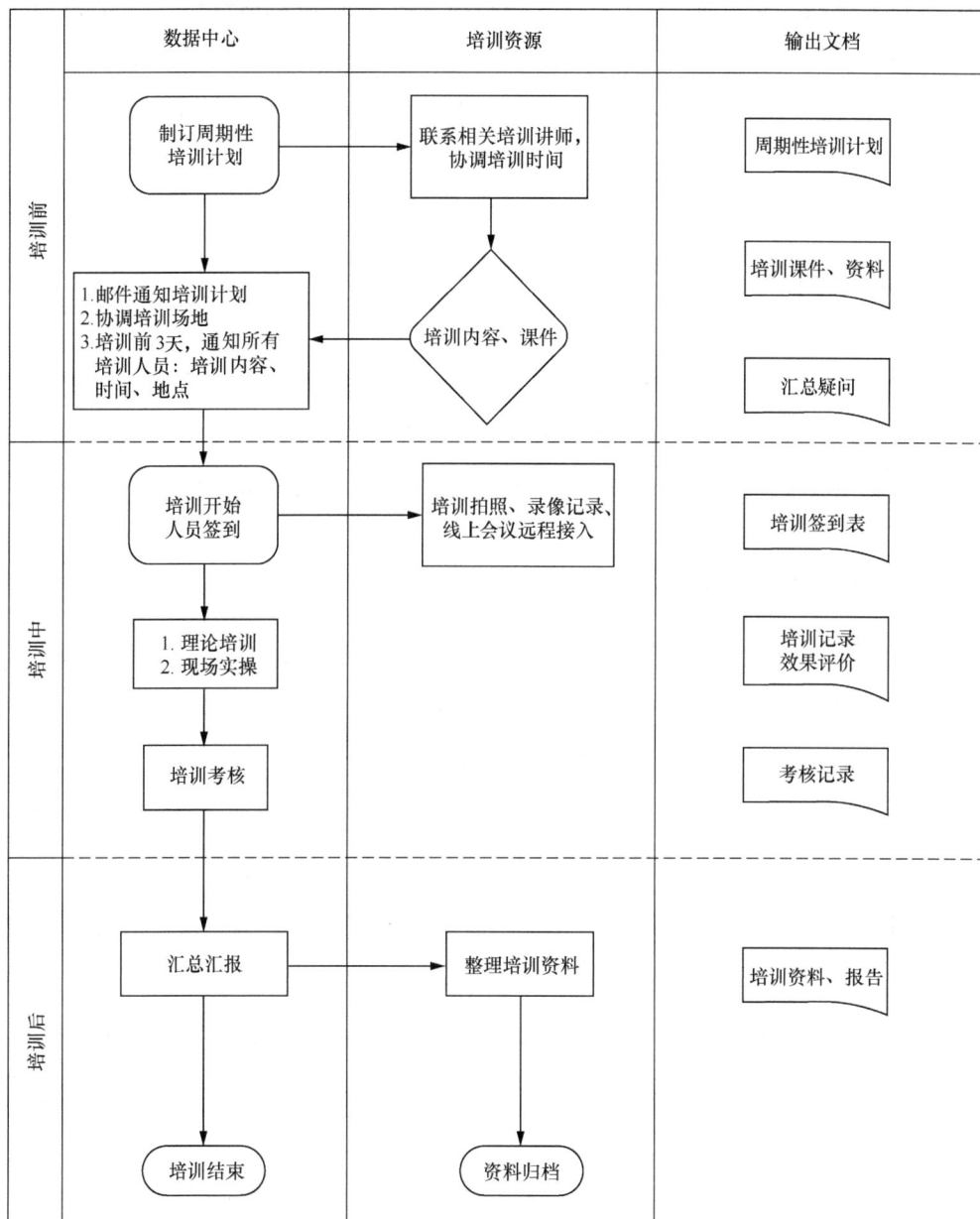

数据中心	培训资源	输出文档
制订周期性培训计划	联系相关培训讲师，协调培训时间	周期性培训计划
1.邮件通知培训计划 2.协调培训场地 3.培训前3天，通知所有培训人员：培训内容、时间、地点	培训内容、课件	培训课件、资料 汇总疑问
培训开始 人员签到	培训拍照、录像记录、线上会议远程接入	培训签到表
1.理论培训 2.现场实操		培训记录 效果评价
培训考核		考核记录
汇总汇报	整理培训资料	培训资料、报告
培训结束	资料归档	

图 5-4　培训流程

演练方案：应包括演练概述、演练目的、演练分工、演练准备、演练步骤、影响范围和紧急回退措施等。且应由各机房现场编写，根据风险等级，按照变更管理制度要求执行变更流程。

总结与评估：各机房在每次执行演练过程中，应详实地记录演练过程，填写演练总结表。高风险演练还应有视频记录，视频记录的基本要求是能清晰看到演练过程中各机房每次执行演练的过程。演练结束后由演练负责人对该次演练进行评估打分，从通报流程、响应意识、操作能力、指挥协调、人员配合、预案与实操一致性、工器具及通信器材完整性、演练效果、突发应对等方面总结复盘，评估演练效果，参照应急演练评估表进行评估。

5.5 运维开展

以上所有准备工作都完成之后，正式开展数据中心运维工作，包括设备监控和故障排查、日常维护和巡检、电力和空调系统管理等各个方面的工作。通过严格的运维管理，及时发现和解决问题，确保数据中心始终处于高效、安全、稳定的状态。

5.5.1 设备监控和故障排查

为确保数据中心设备的稳定运行，最大限度地减少停机时间，提高服务可靠性，运维人员需要对数据中心设备进行实时监控和异常检测，以及对出现故障的设备进行定位和修复。以下是设备监控和故障排查的主要内容。

实时监控：通过使用监控系统和传感器，对设备的运行状态、性能和环境参数进行实时监测。这包括监测温度、湿度、电力负载、网络流量等关键指标。

异常检测：监控系统会根据事先设定的阈值和规则，检测异常或超出正常范围的情况，例如设备过热、电力供应异常等。

故障定位：一旦发现设备出现故障，运维人员需要迅速确定故障的具体原因和位置。这需要检查设备日志，使用故障诊断工具和技术进行分析，并与相关供应商或专家进行沟通。

故障修复：一旦故障定位完成，运维人员需要采取相应的措施进行修复，包括更换损坏的硬件组件、修复或更换有故障的电缆、重新配置设备等。

故障分析和优化：故障修复完成后，运维人员需要进行故障分析，确定故障发生的根本原因，并提出相应的优化建议，防止类似故障再次发生。

报告和记录：运维人员还需要及时报告故障情况，并将所有的监控数据、故障诊断过程和修复记录进行归档和管理，有助于未来的故障排查和数据分析。

5.5.2 日常维护和巡检

日常维护和巡检是数据中心运维管理的一个重要工作，旨在确保设备的正常运行，提高数据中心的可靠性和可用性，并预防潜在故障的发生。以下是日常维护和巡检的主要内容。

设备检查：对数据中心设备进行定期检查，包括服务器、网络设备、存储设备等。检查设备的物理状态、连接是否牢固、硬件组件是否正常等。

清洁和除尘：定期清洁设备表面和内部，以扫除积尘和其他杂质，保持良好的散热效果，延长设备使用寿命。

电力管理：监测和管理电力系统，包括 UPS 和电池的状态，确保电力传输和备份正常，防止停电和电力波动对设备造成影响。

空调系统管理：检查和维护数据中心的空调系统，确保温度和湿度控制在适宜范围内，防止设备过热损坏。

电缆管理：定期检查和整理数据中心的网络电缆和电力电缆，确保连接可靠并避免潜在的故障发生。

安全检查：确保数据中心设施的安全状态，包括门禁系统的运行情况、摄像监控设备的正常工作、防火系统和报警系统的有效性等。

设备固件和软件更新：定期检查和更新设备的固件和软件，以获得最新的功能和安全补丁。

环境监测：监测数据中心的环境条件，例如温度、湿度、气体浓度等，及时发现和解决潜在问题。

巡检记录和报告：巡检时，记录巡检结果，包括发现的问题、采取的措施，以及设备的运行状况报告。

5.5.3 电力和空调系统管理

电力和空调系统管理是数据中心运维管理中非常关键的部分，运维的目的是确保设备得到稳定的供电和适宜的环境温度。主要包括以下内容。

电力管理：包括电力供应、备份电源、电力负载均衡、电池管理、UPS 和发电机的监控和维护等。确保设备得到稳定可靠的电力供应，防止停电或电力波动对设备造成损害。

空调系统管理：数据中心设备会散发大量热量，因此需要有效的空调系统来控制温度和湿度，确保设备正常工作。空调系统管理包括温度和湿度的监测和调整、空调设备的清洁和维护，以及散热和空气流通的优化。

热量管理：除了空调系统管理，还需要关注设备布局和散热技术，以最大限度地减少设备产生的热量，并确保热量能够有效排出。

火灾防护和报警系统：数据中心需要配置火灾防护和报警系统，例如火灾报警系统、气体灭火系统等，以及时发现和控制火灾。

确保供电和冷却的冗余：为了确保设备的连续运行，数据中心通常会采用冗余的电力和冷却系统，以防止单点故障导致的停机。管理冗余系统（包括监控、维护和测试）是电力和空调系统管理的一部分。

能效优化：通过监测和调整电力和空调系统的参数和工作模式，可最大程度地提高能效，减少能耗和运营成本。

5.5.4　资源调度和容量规划

资源调度和容量规划是数据中心运维管理中的重要一环，主要目的是确保数据中心能够有效地利用资源，满足业务需求，并提高数据中心的可靠性、可用性和效率。主要包括以下内容。

资源分配和调度：根据业务需求和设备负载情况，对数据中心资源进行合理的分配和调度，确保各项资源（例如计算、存储、网络等）能够满足需求，同时避免资源浪费和过载。

容量规划：通过分析过去的资源使用情况和预测未来的业务发展趋势，制定合理的容量规划策略。这涉及计算、存储、网络设备等的容量规划，包括硬件扩展、资源升级、设备替换等方面。

故障容错与负载均衡：通过故障容错技术（例如冗余设备、备份系统）和负载均衡策略，可确保数据中心在设备出现故障或负载异常的情况下仍能正常运行，保证业务的连续性和可用性。

性能优化：监控和分析数据中心设备和系统的性能指标，采取相应措施进行优化，可提高数据中心的整体性能和效率。

设备资源管理：对数据中心的设备资源进行管理，包括设备清单的记录、设备配置的管理、设备状态的监控和维护，可确保设备运行正常、充分利用和合理维护。

扩容规划：根据业务需求和容量规划，制订数据中心的扩容规划，以适应业务的增长和变化，涉及新设备的采购、机架空间的规划、电力和冷却资源的调整等。

资源利用率监控：对数据中心资源的利用率进行监控和评估，可了解各项资源的使用情况，识别潜在的资源浪费或过载问题，采取相应的措施进行优化和调整。

5.5.5 变更管理

变更管理是数据中心运维管理中的一个重要内容，通过采用合理的变更管理措施，可以有效降低变更带来的风险，并确保数据中心设施的稳定性和可靠性。主要包括以下内容。

变更申请管理：接收、记录和评估变更申请，包括变更的目的、范围、时间和影响等信息。

变更评估和分析：对变更申请进行评估和分析，考虑变更的紧急程度、风险、资源需求和影响等因素，制订变更计划。

变更授权和批准：进行变更授权和批准，确保变更符合规定的流程和权限，避免未经授权的变更产生安全风险或业务中断。

变更实施和测试：按照变更计划执行变更操作，进行变更前的测试和验证，确保变更的正确性和有效性。

变更通知和沟通：及时向团队和相关人员通知变更信息，包括变更时间、影响范围和相关操作指导，确保相关人员对变更有清晰的了解。

变更回滚和恢复：对于不成功的变更或出现问题的变更，需要能够回滚变更操作，并进行相应的故障恢复和修复操作。

变更记录和文档更新：记录变更的详细信息，包括变更的描述、操作过程、结果和变更后的配置信息等，更新相关文档和记录。

变更审批和审计：进行变更的审批和审计，确保变更过程符合法律法规和管理要求，保证可追溯性和合规性。

变更评估和持续改进：对变更的实施效果进行评估和反馈，不断改进变更管理的流程和方法。

变更管理流程如图 5-5 所示。

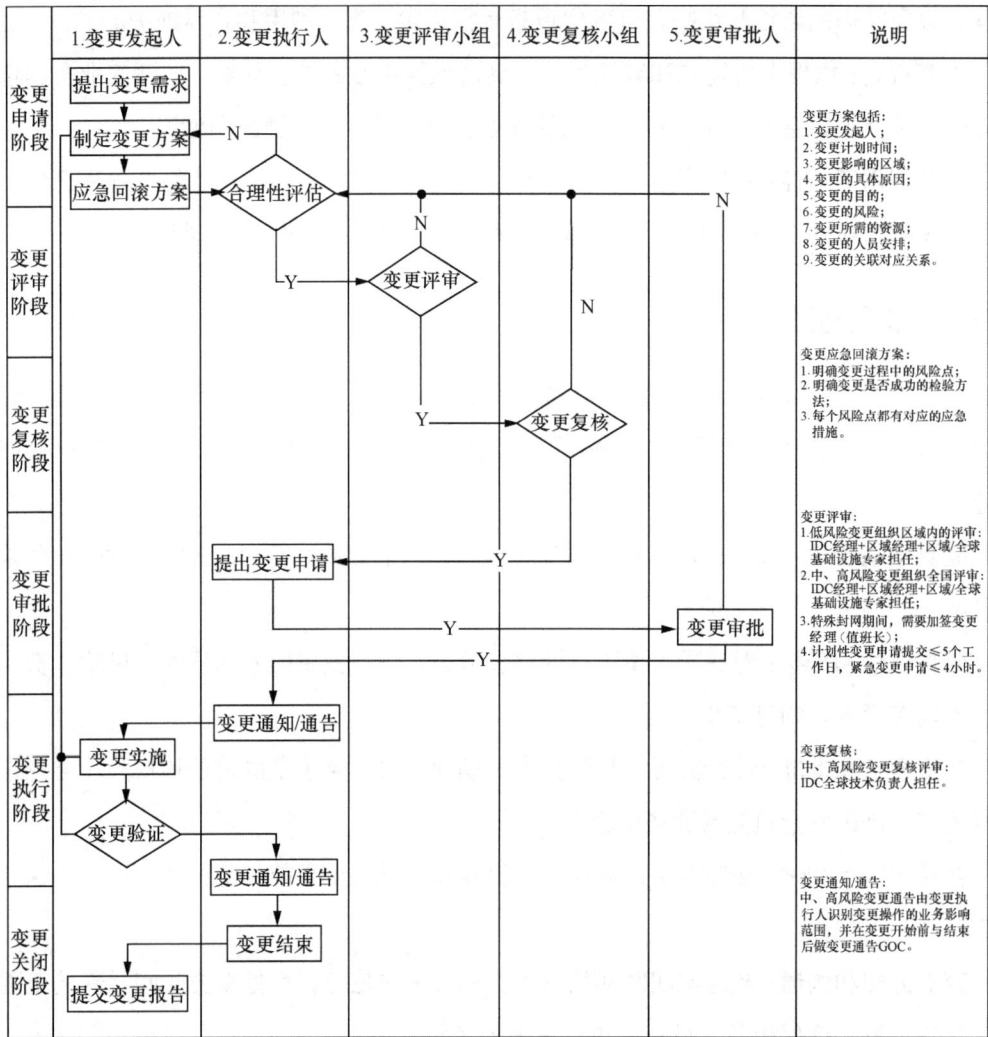

图 5-5 变更管理流程

5.5.6 安全管理

安全管理是数据中心运维管理中非常重要的一环，旨在确保数据中心基础设施的安全，并提供有效的安全防护措施，以保护设备、网络和数据的安全。主要包括以下内容。

准入控制：确保只有经过授权的人员可以进入数据中心，通过物理门禁、身份验证、访客登记等方式进行管理。

机房监控：安装监控摄像头和安全报警系统，实时监测机房内外的情况，以及时发现异常行为或突发事件。

访问控制：采用严格的权限管理机制，限制和控制每个人员对设备和系统的访问权限，包括物理访问和远程访问。

数据安全： 建立有效的数据保护策略，包括数据备份、加密、存储和传输安全等，以确保数据的完整性、保密性和可用性。

网络安全： 配置和管理防火墙、入侵检测和防御系统，定期进行网络漏洞扫描和安全评估，及时修复和更新系统。

灾难恢复： 制订和实施灾难恢复计划，包括备份和恢复策略、灾难演练和应急响应，以确保在灾难事件发生时能够快速、有效地恢复业务。

物理安全： 实施安全措施，例如防火墙、监控摄像头、门禁系统等，保护设备免受盗窃、破坏或未经授权的物理访问。

员工培训： 对员工进行安全意识培训，包括安全政策、操作规程、风险防范和事件响应，提高员工的安全意识和反应能力。

安全审计和合规性： 定期进行安全审计，检查安全措施的有效性和合规性，确保其符合相关法规和标准的要求。

应急响应： 制订应急响应计划，明确安全事件的处理流程和责任人，针对各种安全事件进行及时、准确的响应和处理。

5.5.7 文档和记录管理

文档和记录管理可以全面了解数据中心运维过程，并能为故障排除、容量规划、变更管理、维护计划和安全审计等提供参考和支持。文档和记录管理主要包括以下内容。

设备清单： 记录所有设备的详细信息，包括型号、制造商、序列号、购买日期、保修期限等。

网络拓扑结构图： 绘制整个数据中心的网络拓扑结构图，包括服务器、交换机、路由器、防火墙等设备的连接关系。

电力分配图： 记录电源线路的连接和分配情况，包括主电源、发电机、UPS、电池、PDU 等设备的布局图。

空调布局图： 记录空调设备的布置和连接方式，包括冷通道、热通道的设计和布置。

容量规划表： 记录设备的容量使用情况，包括服务器数量、机架空间、电力容量、网络带宽等方面的规划。

故障报告： 记录设备故障的发生时间、原因、处理过程和解决方案，以便后续进行故障预防和分析。

变更管理记录：记录对设备和系统进行的任何变更，包括硬件更换、软件更新、配置修改等，以便追踪和验证变更的效果。

维护计划和记录：记录设备的维护计划和执行情况，包括定期巡检、清洁、维修、保养等工作的安排和执行情况。

安全审计日志：记录所有相关的安全事件和操作，包括访问控制、入侵检测、防火墙日志等，以便监控和分析安全事件。

灾难恢复计划和测试记录：记录灾难恢复计划的制订、测试和调整情况，包括测试日期、测试结果、修正措施等。

在数字化浪潮汹涌澎湃的当下，数据中心作为信息存储与处理的关键枢纽，其基础设施的重要性不言而喻。本书旨在为数据中心基础设施的全过程管理提供全面且深入的指引，从规划设计的蓝图绘制，到建设实施的落地生根，再到运维优化的持续精进，每一个环节都凝聚着无数从业者的智慧与经验，也承载着数据中心行业不断发展的使命与责任。

通过对各阶段管理要点、关键技术、风险应对和最佳实践的详细阐述，我们希望读者能够清晰地把握数据中心基础设施项目从诞生到使用的全过程脉络，理解每个决策背后的逻辑与影响，从而能够在实际工作中胸有成竹地应对各种复杂情况，打造高效、可靠、可持续的数据中心基础设施，为数字经济的稳健发展筑牢根基。

然而，数据中心技术仍在持续演进，管理理念也在不断革新，新的挑战与机遇将接踵而至。我们鼓励读者以本书为起点，持续关注行业动态，积极探索创新方法，不断完善数据中心基础设施的管理体系，共同推动数据中心行业迈向更高的台阶，在数字化的征程中发挥更为关键的作用，为全球信息技术的飞跃发展贡献力量，开启数据中心基础设施管理的崭新篇章。